\ 就這麼簡單! /

世界冠軍親授
「4：6法」手沖奧義全解析
煮出令人上癮的好咖啡

粕谷 哲 著

廖光俊 譯

方舟文化

理性的選擇，親和的詮釋

王策 Chad Wang
2017 WBrC世界咖啡沖煮冠軍、VWI by CHADWANG主理人

第一次見到 Kasuya San 是在 2015 年，我們在衣索比亞西達摩巧遇，當時我代表豆商前往採購，他則是去客製他的賽豆。知道他是日本愛樂壓大賽的冠軍，也在準備日本沖煮盃的比賽，這讓正萌生比賽想法的我，對他產生濃厚興趣。

「Chado San 最喜歡的咖啡器具是什麼？」我記得他問我。這是個很有趣的問題，咖啡師們互相問彼此這個問題，就好像問別人「你是什麼星座一樣」，可以判斷這個人的個性、喜好。「我最喜歡 V60，」我回答，「風味比較強。」他回覆：「我喜歡 KONO，比較甜。」

第二次見到他時，是在他爭奪日本沖煮冠軍的比賽上。當時他同時使用三個愛樂壓，用一片木板壓萃出他的咖啡，也順利拿到冠軍。看來他是愛樂壓之王吧，我當時這樣想。

第三次見到，我們已經是 2016 年世界盃的決賽對手。自選沖煮我們不約而同地使用了有田燒 V60，在那一刻，我明白了他在咖啡面前展現的成熟理性。因應咖啡風味而論，不是選擇最擅長、最喜歡的器具，而是選擇對咖啡最好的器具。當年他得到冠軍，而我回到實驗室閉關，隔年捲土重來。或許 Kasuya San 並不知道，但他的確在不經意下給予了我正面的影響。

而談到咖啡，任何喜歡手沖的人都會知道，一杯咖啡除了豆子本身

的味道之外，同時也是一個咖啡師對於「優良味覺體驗」的品味與展現。看完本書，我感受到 Kasuya San 對於咖啡的詮釋是相當親和的。手把手的圖解教學，清楚的示範，也給予他的個人觀點（滿滿的日本職人感）。雖說是職人，但他的知識基礎建構在 SCA 的教學系統上，屬於平易近人、容易引人入勝的風格。悅讀本書，除了加深你的咖啡萃取觀念，亦是透過文字、照片，確實地認識 Kasuya San 這位世界冠軍。

一本瘋狂而暖心的咖啡生活指南

王詩如 Lulu
傑恩咖啡 主理人

「歡迎來到ＬＯＣＡ俱樂部！」在翻閱這本書的過程中，讓我邊看邊打從心裡湧出笑意。「ＬＯＣＡ」是西班牙文「瘋狂」的意思，第一次接觸到這個詞彙，適時我在宏都拉斯進行「從產地起跑小農計畫」，跟小農們分享我在咖啡領域中所做的種種測試、新產品的開發，還有所花費的精力。小農們就用「ＬＯＣＡ」來稱呼我。我在粕谷哲的書中，也看到了這股高昂的熱情和精神。

如果在網路上搜尋關鍵字「4：6沖煮法」，會有超過3千萬項的結果，這是非常驚人的成就！可以說，只要想測試咖啡沖煮的方式，就必定會討論到「4：6沖煮法」。與其在網路四處搜尋片段的摘要，我會建議讀者完讀本書，書中提供了完整的「4：6沖煮法」概念，甚至是遇到不同豆子、想要不同風味，都可以在本書中找到重組參數的脈絡。

拿下比賽冠軍，只是粕谷哲進入創作設計的起點，作者先是分析市面上多款咖啡濾杯，並以自由度為縱軸，口感為橫軸，為讀者們提供更清晰的模組來理解不同濾杯的沖煮特色。緊接著分享自身開發的多款咖啡器材，完整貫穿從沖煮到品飲的體驗。見證了一連串透過不斷探索、嘗試開發和積極分享，保持頂尖進步的原動力。

比賽這件事情是在設定好的評分表框架中挑戰自我。有經驗的選手，照著評分表的項目，可以很具體地做出符合評分表定義的高分咖啡。但是如何在生活中幫助每個人找到自身喜歡的咖啡，就必須換位思考，作者從消費者最容易體察的差異著手，先討論較具象的「烘焙度」、「生豆處理」的差異、最後再介紹「品種」和「產地」的區別，就如同在門市時貼心地為客人介紹，這樣的邏輯論述，也很適合業者應用在實體客服上。

這本書不是提供讀者「看完就會變成世界冠軍」的速成法則。整本書的闡述方式，就像作者本身一樣是個平易近人的暖男，貼心地為每種沖煮方式細部分格；咖啡入門者只要照著書中的步驟，一步一步地實踐，除了能成功上手「4：6沖煮法」之外，還能獲得不同咖啡沖煮、創意調飲的生活樂趣。

另外，我特別想分享，這本書為讀者提供了滿滿的正能量，不管你是在沖煮上受挫、還是因為客戶的反饋而失落的咖啡朋友，翻一翻這本書，一定會在不同的篇幅中找到溫暖的應援補給！

真誠用心，讓喝到好咖啡變得更簡單

吳則霖 Berg Wu

2016 WBC世界咖啡師大賽冠軍、興波咖啡共同創辦人

2016年愛爾蘭的都柏林，對於Tetsu桑跟我來說，都是彼此咖啡旅程上一個重要的里程碑。那一年他成了沖煮賽的世界冠軍，而我成了咖啡大師的世界冠軍，也因此，在那之後我們有非常多在大小展會上碰面的機會。

每次見到他，他都給我一種很「真實」的感覺，活動很多很累的時候就睡眼惺忪，喝到好喝咖啡的時候就雙眼發光，非常坦率，令人感覺不到距離。2022年我們在墨爾本碰面時並不在展會，而是我與團隊特別到名店ONA COFFEE品嘗咖啡，到了現場卻看到他站在別人的吧台裡沖咖啡。他說他是自願來站吧的，因為他要分享他的新烘焙。他看到我，拿著裝著咖啡的下壺興高采烈地跟我說，他想要讓更多人透過他的咖啡品牌PHILOCOFFEA接觸好喝的咖啡，所以想要找到深焙咖啡和精品咖啡之間的平衡點，希望大家幫他喝喝看。除了嘗試深焙，他也嘗試即溶咖啡、配方豆等。

而我自己一直以來在興波咖啡做的事情，就是希望能將咖啡裡複雜的事情在前端先處理好，讓末端的客人可以很簡單地得到一杯好咖啡，進而推廣精品咖啡。這個理念和Tetsu桑想做的事情很像。

這本想要讓大家都沖出好咖啡的作品，就是他在用他「真實」的性格為大家解析咖啡沖煮。沖煮咖啡的手法百百種，各有擁護者，也因此容易

讓初學者感到混亂。大家都知道咖啡是門科學，但並非所有人都有堅強的科學背景去對手上那杯咖啡做分析。在這個前提下，由經驗法則累積而推論，就變得非常重要。Tetsu 桑從他自身的經驗法則出發，推論出一個簡單的邏輯讓使用者依循，只要照著這個邏輯調整，就能讓咖啡往某一個大方向去變化，這對初學者來說，就會是非常有幫助的開始。

這是一本全面的咖啡初學者工具書，相信喜愛咖啡的你一定能從中推演出屬於自己的手沖奧義。

咖啡沖煮迷人之處，在於千變萬化

徐詩媛 Sherry Hsu
2022 WBrC世界咖啡沖煮冠軍

學習咖啡沖煮的讀者們，對於粕谷哲先生的「4：6法」沖煮概念一定不陌生。2016年粕谷哲先生得到世界盃沖煮大賽冠軍，那時的我才剛踏入咖啡產業，對於沖煮咖啡有著「十萬個為什麼」。

相信學習咖啡沖煮的過程，大家都經歷過以下這些問題：參數都一樣但味道怎麼都不一樣？怎麼沖才會比較甜？怎麼沖能降低苦感？當年「4：6法」發表時，大大地解惑了我的疑問，可以明顯感受到「我的咖啡變好喝了！」這使我對於不同的沖煮段落萃取如何影響咖啡的整體結構，以及如何調整沖煮策略有了更完整的架構。本書詳細拆解每個步驟，剖析分段萃取影響咖啡風味的前因後果，所提及的細節都是每位咖啡初學者不易察覺卻又不可忽略的過程，搭配圖表解說更加淺顯易懂，即使你是第一次沖煮咖啡，按照步驟操作也能輕易上手，真是新手的福音呀！

書中也提及到咖啡產區的實際情況，對於今年才剛踏上產區之旅的我，有著深深的感觸與體悟，理解到有時生豆品質不一與價錢浮動的原因，每一顆咖啡豆的取得及處理後製，是多少人辛勤努力為生活的過程。品質好的咖啡豆如此得來不易，身為咖啡師的我，更加珍惜沖煮的當下，如何將每份咖啡豆盡可能地呈現出最好的風味與狀態。

時常在世界各地許多咖啡工作場合遇到粕谷哲先生，性格既親切謙遜、邏輯清晰，柔軟卻剛毅，職人精神在他的眼神中清晰且堅定，也是我特別想學習的。我想咖啡之所以迷人，是因為在千變萬化的咖啡世界裡，我們帶著職人精神前進，無論是研究推陳出新的器材、品評豐富多變的咖啡風味、研究創新的沖煮策略、提升顧客品飲體驗等，每一個過程都饒富趣味且令人著迷。我也從此書了解到，複雜的內容要讓人淺顯易懂，需要下很多功夫，而我們都是在追求創造更好的下一杯咖啡中學習！

不只是一套方法， 更是他的縮影

廖昱凱 Erik Liao
2023 TBrC世界咖啡沖煮大賽臺灣冠軍、19烘豆研究室／Tri-Up Coffee創辦人

和 Tetsu 的第一次見面，是在 2017年團隊在臺灣沖煮賽的頒獎典禮後。剛拿到世界冠軍的他，走到我們團隊旁，說很希望能有機會喝看看我們的咖啡，因為他覺得我們的沖法很有趣。比完賽的那個晚上，我完全無法想像我竟然和世界冠軍在討論咖啡，煮了一杯又一杯，毫無保留地互相分享。那晚，在 Tetsu 身上，我一點也看不到世界冠軍的架子，反倒非常親民，就像一般的咖啡愛好者，全然地展現他對咖啡的熱愛。

往後幾年，我與 Tetsu 有了更多不同的合作。我們一同拜訪不同的咖啡產區，也準備了好幾年不同的咖啡賽事。每多一次相處，我都對這位世界冠軍更多欽佩。Tetsu 總是思考著如何讓繁雜的事情簡單化，就像他讓甚是複雜的咖啡沖煮，以4：6法這樣淺顯易懂的方式來加以詮釋。他也總是想在不同產業面向中，簡化繁雜的流程，來幫助到產業中的人。他總是以如何分享咖啡給更多人的想法為出發點，我想本書也是如此。

很誠心地想要和各位分享這本好書，因為裡面所提及的內容，正如同 Tetsu 在陪我準備沖煮賽時所一點一點教導我的過程。更棒的是，這本書中還有許多 Tetsu 這幾年繼續研究的新內容。即便參與咖啡沖煮的競賽這麼多年，也還是能在這本書當中再次學習到新的知識，真的很開心。

我想4：6法不僅僅是一個咖啡上的沖煮方式，其實也是一個 Tetsu

的縮影。我們不需要過度地將事情複雜化，反倒是提煉出精華，再以簡單的方式呈現，那就會是最能取得共鳴的溝通方式。我相信這本書也是一樣的，絕對能跟讀者取得共鳴，幫助讀者更簡單、更快速地沖煮出好喝的咖啡。

翻開書頁， 直擊冠軍的初心與寶貴經驗

劉邦禹 Lupin Liu

2014 WCTC世界杯測師大賽冠軍、2018 TBrC世界咖啡沖煮大賽臺灣冠軍、橘男才盡

還記得，在2016年的一場咖啡活動賽事上結識了粕谷哲先生。我們受邀一同擔任評審，當時的他剛成為世界冠軍，就跟許多咖啡從業者和愛好者一樣，對於這深褐色液體充滿了熱情，除了世界冠軍這個頭銜之外，並沒有太大的差別。

在往後的幾年，在各大咖啡活動、賽事上，三不五時我們還是會遇到彼此，在偶而寒暄中，仍然可以感受到，他擁有跟當初一樣的熱情：謙虛且持續追逐知識和技術。我們應該可以算是同一個世代的咖啡從業者，發跡在精品咖啡崛起的時代中，這個世代的咖啡裡有更多的邏輯、科學、數據和知識，更少的玄學，唯一不變的是經驗的大量積累。

咖啡是個從各個面向階段來看都充滿著魅力的飲品，從產地、品種、處理法、烘焙、萃取的方式……等等都會產生各式各樣的結果，但也因此複雜，如何用深入淺出的方式去傳達知識，成了許多咖啡專家的課題。以我們最容易製備的手沖咖啡來說，除了拿著壺的那隻『手』以外，有其他諸多的細節，都可以去影響一杯咖啡的品質，水質、研磨、水溫、時間……等等。

「一種讓人可以輕鬆泡出美味咖啡的方法」，粕谷哲先生的這個想法，包括我在內的諸多咖啡從業者都曾有過，他是個確實走在此路上的實踐者。在書中，他對最擅長使用的兩種沖煮器具都有著深入的分享，

而最吸引我的部分，是面對不同類型的咖啡時如何去調整沖煮架構。對於同樣參與過不少咖啡競賽的我而言，這些都是透過大量累積下所產出的寶貴經驗！

在咖啡飲品相關，以及音樂、文字等領域，我都覺得自己是一個創作者，而有意地多面向涉略。在日常透過感官去欣賞各式各樣的作品時，我時常認為，透過這樣的方式，可以更了解創作者本人，去觀察、欣賞對方的另一個面向，不管是內心深處或是表面修飾的，總是能在中間找到許多線索及風格；在閱讀這本書的時候，更是有這樣的感覺。書籍作為知識傳播的載體，我們可以從中獲得廣泛的知識、深入的資訊以及寫作者的經驗；而透過這本書，更是可以了解粕谷哲先生的思維、觀念以及想傳達的理念，推薦給大家！

願你在任何地方，都能沖一杯美味的咖啡

大家好，我是粕谷哲。

我在2013年進入咖啡業界，並於2016年在以黑咖啡萃取技術為競賽主題的世界咖啡沖煮大賽（World Brewers Cup，WBrC）上，成為首位出身亞洲的世界冠軍。當時在賽事上所發表的沖煮法，即是本書中所介紹的「4：6法」。

在這之後，我於2017年，創立了專營精品咖啡的咖啡店，PHILOCOFFEA。我們目前共有3家店面，主要在千葉縣船橋市；近來海外顧客增加，他們為了享受日本的咖啡而來到日本，讓我們很是開心。

PHILOCOFFEA提供品質極佳的咖啡，使用的主要是我親自參訪農場並從中購買的咖啡豆。不只有淺烘焙，我們也備有日本傳統深烘焙的精品咖啡，並會介紹各式各樣享用咖啡的方法，很希望大家都能喜歡PHILOCOFFEA獨有的風味。

除了PHILOCOFFEA之外，我同時也經營另一家公司「有咖啡的地方」（株式会社コーヒーのあるところ）*。這家公司主要從事與咖啡事業相關的顧問業務，與HARIO等許多大公司都有顧問契約；簡單來說，像是日本的全家便利商店就有咖啡事業，其櫃檯咖啡與冷藏杯裝咖啡就由我全

*編註：得名自衣索比亞諺語：「有咖啡的地方，就有和平與繁榮。」

權監製。

我與臺灣的淵源已有很長一段時間，從2017年，也就是我成為世界冠軍的隔年開始，幾乎每年都會來臺造訪。我交到許多好朋友，會一起去咖啡館，他們也會帶我去臺灣的傳統餐廳，臺灣對我來說已稱得上是第二個故鄉。這群朋友中很多也都是咖啡師，和他們討論咖啡的時間對我而言意義非凡，即使只是閒話家常也充滿樂趣。臺灣一直以來都熱情地歡迎我，對此我深懷感激。

順帶一提，我最喜歡的臺灣美食是魚丸與臺灣麵食。每次到臺灣，都讓我好希望在日本也能有更多這樣的店。臺灣的美食最棒了。

本書的寫作構想（創作動機）源自我設計出「4：6法」這個契機。正如前言中所提到的，在我從事咖啡師的工作期間，曾經遇到一位顧客告訴我說，我煮的咖啡很美味。多數的咖啡師聽到這些話可能會覺得很開心，但我卻意識到，這樣的話語點出了一個嚴重的問題。因為，這就證明了客人沒辦法在家裡享受到和店裡一樣的咖啡。從那之後，我開始嘗試找尋一種能讓任何人都能輕鬆製作美味咖啡的方法。而最終的成果，就是「4：6法」。

我寫這本書的唯一願望，就是希望我的讀者們，能夠在家裡或其他任何地方，都能輕鬆煮出美味的咖啡。

我成為咖啡師僅僅3年，就成為世界第一，但這並不能夠證明我的優越，而是證明了，沖煮出美味的咖啡，需要的是正確的知識。

所以首先，還請理解4：6法並嘗試付諸實踐。然後，再運用這個方法，來找到屬於你自己的最佳咖啡沖煮法。

在此，我想告訴所有臺灣讀者。

臺灣有著許多非常優秀的咖啡師與烘豆師。在這樣一個咖啡大國裡出版我的著作，其實相當不好意思。但是我也敢說，這是一本不會讓任何拿起它的人感到後悔的作品。

還請翻開本書來深入理解4：6法，並用它來豐富你的咖啡生活吧。

誰都沖得出美味的咖啡！

一杯難喝的咖啡，　開啟了我的咖啡人生

我的咖啡人生，開始得很突然。

２０１２年春天，在當時任職的公司健康檢查發現罹患第一型糖尿病後，隨即住院治療。向來忙著ＩＴ顧問工作的我，突然有了很多空閒。在發現罹病之前，我的身體已有許多變化，所以也沒感到驚訝，反倒讓我有機會重新思考將來的工作方式與生活習慣。

「再也不能喝我最喜歡的可樂了（其實喝了也無所謂）」，我尋思著，「那之後我能喝什麼呢？」我於是上網搜索「糖尿病　飲料」，Google搜索結果顯示「可以喝咖啡」，這成了我人生大轉彎的一個指標。

我迅速溜出醫院，前往附近一家咖啡館，請教了手沖咖啡的方法，買了一整套手沖器材。當時想著，「這樣住院時就可以打發時間了」。

回到病房，把買回來的咖啡秤重、用手搖磨豆機喀啦喀啦地磨碎、燒了開水，沖了咖啡。但……得到的卻是難喝到無法想像的液體。

明明是照人家教的方法沖的，為什麼會這樣呢？

回想起來，發現磨豆子的時間異常漫長，萃取時也花了很長時間，倒下去的熱水久久都沒滴下來。

想了一會兒，我有了一個假設。

是了，一定是咖啡粉磨得太細了，下次磨粗一點看看吧。

從那時起我就一直在想，怎樣才能讓咖啡更美味？

對咖啡覺醒的我，大約一年之後，也就是2013年7月，辭去了在IT公司的工作，到茨城縣一家咖啡館 COFFEE FACTORY 擔任咖啡師。這是一家自家烘焙、銷售咖啡豆的公司。

加入公司後，有了參觀中美洲咖啡莊園的機會，我對咖啡的熱情更加高漲，也開始挑戰比賽。我想成為日本第一、想要闖出名氣，並傳達出我們銷售的咖啡豆背後的故事，以及生產國農民們的努力。

我去觀摩了比賽，參加了許多知名咖啡師的研討會，透過網路積極探詢國外的資訊。我想要更進一步，想要沖得比誰都好喝。

一天，一位熟客這麼說。

「小哲的咖啡，比我自己沖的更好喝呢。」

那給了我很大的衝擊。明明一直努力追求沖出一杯好咖啡，但總覺得有些不對勁。我這樣真的好嗎？

回想起來，我在專業人士面前也曾有過同樣的想法。「我沒辦法沖得像他那麼好，我的本事不夠啊。」

讓客人也產生了這樣的想法，難道這就是我一直追求的目標嗎？

賣了咖啡豆給客人，但他們在家卻無法品嘗到美味，那我做得對嗎？

從那以後，我開始思考一種方法，讓任何人都能輕鬆沖出與專業咖啡師一樣美味的咖啡。這種沖煮方式不依賴特殊的技術或器具，僅憑數字就能清楚說明。

結果，這種萃取方式得到了肯定。2015年10月，我在日本咖啡沖煮大賽（Japan Brewers Cup，JBrC）上成為日本第一的咖啡師。2016年6月，我作為日本代表，挑戰了在愛爾蘭都柏林舉辦的世界咖啡沖煮大賽，成為首位來自亞洲的世界冠軍。

「讓任何人都能輕鬆沖煮出美味的咖啡」，就是我想傳達的主題。

事實上，那時我成為咖啡師僅2年又11個月，開始喝咖啡才第4年，就成了世界第一。這是因為我的沖煮方式並不需要什麼高超技術。

在世界大賽上發表的這種沖煮法，叫做「4：6法」（4:6 Method）。值得慶幸的是，現在全世界都在使用這種方法。

更準確地說，許多人都以這個方法為基礎，享受著他們自己的沖煮方式。即使是現在的世界比賽中，也有許多咖啡師使用類似4：6法的沖煮方式。

對我來說，這是理想的狀態。

我並不是想證明自己是個特別的咖啡師。
我只是希望世界上的每一個人都能輕鬆地沖煮出美味的咖啡。
這樣一來，更多的人就能享受自己沖的咖啡，如果有越來越多人覺得「咖啡真好喝」，那麼對我而言，改變了我人生的咖啡也就越發有價值。

4：6法並不完美，也說不上是最棒的沖煮方式，但它能成為一套基礎。

我真心希望讀過本書的大家，能夠理解我的沖煮法和思考方式，並用自己重新調整過的方式來享受咖啡。
這個世界上，並不存在完美或最棒的沖煮法，只有你喜歡的沖煮法。
如果本書能為你提供所需的資訊，那就太好了。

「怎麼樣才能讓咖啡更美味呢？」
這個簡單的問題，至今依然激勵著我。

CONTENTS

Chapter 2 我愛用／推薦的咖啡器材

Chapter 3 如何找到自己喜歡的咖啡豆

Chapter 4

調整4：6法參數，讓咖啡更合你的口味

Chapter 5

讓咖啡變得更有趣吧

Chapter 1

世界第一的 4:6 法

01

誰都能沖出美味咖啡

世界第一的4：6法

如果能有一種簡單的方法，可以讓任何人都輕鬆沖煮出美味的咖啡就好了——以這樣的想法為出發點，我設計了用於手沖咖啡的「4：6法」。

也許有人會覺得：想要萃取出美味的咖啡，注水的技術是不可或缺的吧？當然，在專業的世界裡，的確是需要追求技術。

但是，經過我反覆驗證與試誤，最終得出以下結論：只要好好用數字控制注水的水量、次數與時機等，「任何人都可以簡單沖出超越平均水準的美味咖啡」。

而4：6法就是實現這個目標的萃取法。

4：6法有幾個重點，首先需要注意的是以下3點。

第1點、要使用粗研磨的咖啡粉。

第2點、掌握好粉量、水量與注水時機。

第3點、將使用的水量分成40%和60%兩部分，前40%的水用來調整味道，後60%的水則用來調整濃度。

將熱水分成5次注入，每次的注水量是粉量的3倍重。

注水的時機點分別是開始時（0秒）、45秒、1分30秒、2分10秒、2分40秒。最後在3分30秒時，將濾杯取走就完成了。

這個方法的特點是重現性非常高。不會「昨天很好喝啊，但今天卻不怎樣」，而是每次都可以得到一杯投在好球區的咖啡。另外，這也是一種能適用於多種不同咖啡的方法，所以還請務必嘗試一下！

4：6法的重點

1. 使用粗研磨的咖啡粉
2. 掌握好粉量、水量與注水時機
3. 將使用的水量分成40%和60%兩部分，前40%的水來調整味道，後60%的水來調整濃度

➡ 任何人都可以輕鬆沖煮出美味的咖啡！

4：6法的基本參數

粉量：20g　水量：300g　粗研磨

時間	注水次數	單次注水量	總注水量（磅秤所顯示重量）	
Start	第1次注水	60g	60g	4
0:45	第2次注水	60g	120g	
1:30	第3次注水	60g	180g	6
2:10	第4次注水	60g	240g	
2:40	第5次注水	60g	300g	
3:30	Finish	取走濾杯		

世界第一的4：6法

「4：6法」是我在2016年6月，也就是世界盃沖煮大賽的一個月前所找到的方法。

前一年，即2015年10月，我參加了日本咖啡沖煮大賽。在JBrC中，我並非使用手沖，而是選擇了愛樂壓（AeroPress，參照第68頁）來做為萃取咖啡的器具。

大多數人都選擇手沖咖啡，為什麼我選擇愛樂壓呢？除了我在8個月前舉行的日本愛樂壓大賽上獲得了冠軍，以及這是我擅長且喜歡的萃取方法外，我認為愛樂壓是一種「任何人都可以簡單、高度重現性地將咖啡美味萃取出來」的方法。

在世界咖啡沖煮大賽中，無論是國內選拔賽或世界冠軍賽，都會沖煮兩種類型的咖啡豆：大會方面提供的指定豆，和選手各自準備的自選豆。前者是在所有評審都不知道是誰沖煮的狀態下去做評分。後者是在萃取的同時，必須對著眼前的評審們展演「為什麼選擇這個咖啡」、「以什麼樣的風味為目標」，以及「選擇使用怎樣的萃取參數」。

要想奪得冠軍，風味固然重要，但由於參賽者的萃取技術都很高，所以展演本身也成了決定勝負的關鍵。

在JBrC上，我傳達了使用愛樂壓，「即便沒有任何特別的技術，也可以泡出美味咖啡」的訊息。透過這樣的展演，我成為了日本第一。

當我準備參加各國冠軍雲集的世界大賽時，我決定進一步研究「任何人都可以簡單沖煮萃取」的方法。

當時，無論在日本還是全世界，都處於強調「咖啡師的技術很重要」的時代。另外，那時對日本人來說，別說是冠軍，就連進過決賽的人也都還沒有。

Japan Brewers Cup
賽場一幕

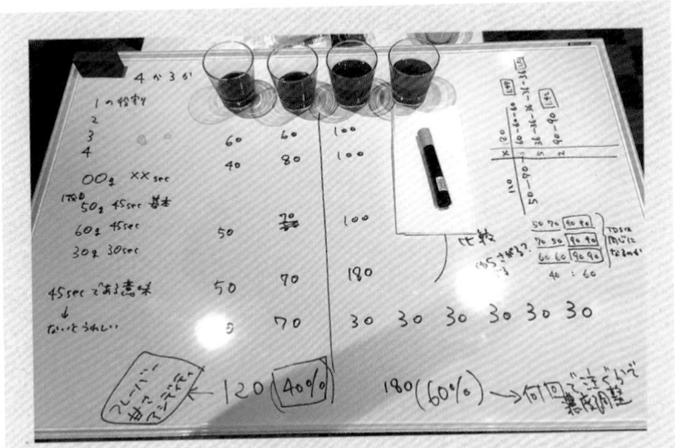

在得出4：6法之前，我進行了多次試驗來確認每一次沖煮應該注水多少次，每一次注水應該是多少克。

COFFEE KARUTA

あ

あなたの淹れるコーヒー好きです

我喜歡你煮的咖啡。

咖啡歌牌

在咖啡店裡，如果你不想只用「好喝！」這個詞，可以試試這些。這是我和朋友們邊喝酒邊想出來的（笑）。
有了這些，應該能和咖啡師聊得很開心吧？

為什麼我會堅持在展演時傳達「沒有特別的技術或工具，也能煮出好咖啡的方法」呢？

那是因為，我希望這個比賽對於在一旁觀看的人來說，也是有意義的。

我自己在成為咖啡師後，去看了各式各樣的比賽。我覺得那些在比賽中活躍的人們非常了不起，但也覺得自己跟他們不是處在同一個世界的人。所以，我就有了「展演給旁觀比賽的人，讓他們也可以立即模仿，並萃取出美味咖啡」的想法。

再加上我立志成為世界第一，所以我追求的，並不只是一個「能順利晉級決賽的展演」，而是選擇了一個「有可能在預選賽被淘汰，但是也有奪冠可能的展演」。

結果就是，我成為第一位獲得WBrC冠軍的日本人和亞洲人。從IT顧問轉型為咖啡師，僅僅2年11個月。

距離我成為世界冠軍已經6年多了。在這段時間裡，4：6法一直在不斷進化。

我自己會根據咖啡豆的狀況進行調整，並以4：6法為基礎，去思考、創造新的參數（詳細內容在第4章中介紹）。

另外，值得感謝的是，一般人和專業咖啡師都在使用這種方法，而且不僅僅是在日本，在世界上其他國家也正在採用。其中有些人甚至對原始的萃取方式進行了修改。可以說，這種手沖咖啡萃取方式，已經成為一種「平台」（基礎）也不為過。

4：6法不僅可以簡單地萃取出美味咖啡，還可以根據咖啡豆的狀態以及自己的喜好，自由調整，這也是其魅力所在。

在本章中，首先會介紹基本的沖煮方法。就一口氣做到接近專業等級的味道吧！

World Brewers Cup
賽場一幕

02

要先準備的 7種咖啡器具

在家自己手沖的時候，首先要備齊的器具有7種。

①咖啡濾杯、②咖啡濾紙、③咖啡豆、④手沖壺、⑤咖啡磨豆機、⑥咖啡下壺、⑦磅秤。

咖啡濾杯，有各式各樣的形狀，不同形狀所產出的風味也不盡相同，我推薦的是HARIO的V60。濾紙的部分請參考濾杯的形狀挑選。

當然，也少不了咖啡豆。多準備幾種不同的咖啡豆，根據當天的心情來挑選品嘗，這也是在家手沖咖啡的魅力之一吧？

❶咖啡濾杯

有各種不同形狀和材質的濾杯可供選擇。我個人喜歡用HARIO的V60濾杯。

❷咖啡濾紙

根據濾杯的形狀來選擇。推薦使用漂白類型。

❸咖啡豆

由於烘焙程度的不同，風味和味道也會不同。嘗試各種不同的烘焙程度吧。

❹手沖壺

我會選擇壺嘴較細的手沖壺，這樣能更方便控制水的流速和出水量。

❺咖啡磨豆機

因為會直接左右咖啡的味道，所以最需要將錢花在這個工具上。

❻咖啡下壺

放在咖啡濾杯下面。可以讓咖啡的濃度均勻混合。

❼磅秤

可測量時間和重量。想要掌握4：6法，一定要擁有。

注水當然可以用普通的水壺，但方便控制的還是咖啡手沖壺。不同的廠牌有不同的把手和不同的壺嘴設計，所以選擇適合自己、好拿跟好注水的就好。

咖啡磨豆機也很重要。根據刀盤的形狀和材質不同，價格範圍也有差異，但高級磨豆機的味道相對會比較好，所以希望大家多加注意。購買時與其妥協於價格，請店家用高級磨豆機磨出來效果反而會比較好。

如果濾杯下面有配套的咖啡下壺，在使用上會非常方便。

最後是磅秤。因為需要同時測量時間和重量，所以為了掌握4：6法，從一開始就使用這種磅秤是最能快速進步的捷徑。

03

4：6法的沖煮參數

接下來的12頁中，我們將介紹4：6法的沖煮參數。雖然過程分得有點細，但為了能讓那些「我沒有手沖經驗啊」的人容易理解，我將它分成20個步驟。

每個步驟都有自己的重點，即便是習慣了手沖的人，只要重新回顧一下，也可能會發現一些新的收穫。

不過，首先要記住的是，你需要精確地測量咖啡粉的重量、水量，以及注水的時機。只要做到這些，就不需要擔心一些細節問題了！

1 將水煮沸

2 秤重咖啡豆

3 研磨咖啡豆

4 摺濾紙

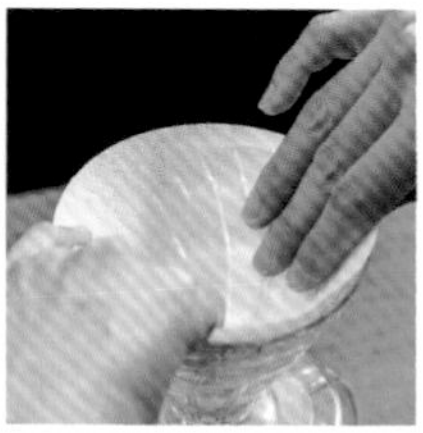

5 放置濾紙

6 沖洗濾紙

7 放入咖啡粉

8 將咖啡粉搖平整

9 歸零後開始計時

10 第1次注水

11 悶蒸

12 第2次注水

4:6法的基本參數

粉量:20g　水量:300g　粗研磨

時間	注水次數	單次注水量	總注水量 (磅秤所顯示重量)	
Start	第1次注水	60g	60g	4
0:45	第2次注水	60g	120g	
1:30	第3次注水	60g	180g	6
2:10	第4次注水	60g	240g	
2:40	第5次注水	60g	300g	
3:30	Finish	取走濾杯		

13　第3次注水

14　第4次注水

15　第5次注水

16　取走濾杯

17　搖晃咖啡下壺

18　溫杯

19　倒入杯中

20　完成！

20	19	18	17	16	15	14	13	12	11	10	9	8	7	6	5	4	3	2	1
完成！	倒入杯中	溫杯	搖晃咖啡下壺	取走濾杯	第5次注水	第4次注水	第3次注水	第2次注水	悶蒸	第1次注水	歸零後開始計時	將咖啡粉搖平整	放入咖啡粉	沖洗濾紙	放置濾紙	摺濾紙	研磨咖啡豆	秤重咖啡豆	將水煮沸

1/20 將水煮沸

用咖啡壺燒熱開水。電子式溫控手沖壺因為能夠保溫，所以很方便。當然，你也可以用明火來燒開水，並且以溫度計測量水溫。此時，我們建議淺烘焙的水溫約為93℃，中烘焙的水溫約為88℃，深烘焙的水溫約為83℃。

2/20 秤重咖啡豆

測量咖啡豆的重量。在4:6法中，咖啡的用量：注入的總熱水量＝1：15。為了每次都能煮出一杯好咖啡，正確秤量並保持這個比例是非常重要的！光憑眼睛測量是絕對不行的。

Point

- 仔細量測咖啡豆的重量
- 咖啡豆採粗研磨
- 確實摺好濾紙

4/20 摺濾紙

首先，將接縫處摺好，然後將手伸進濾紙內壓平，使摺痕明顯。這個步驟也非常重要，不能隨意摺紙。如果摺得好，濾紙就可以跟濾杯確實地貼合。

3/20 研磨咖啡豆

咖啡的研磨度對風味有很大影響。4：6法的特徵是較粗的研磨度。由於粒徑比較大，可以萃取出咖啡的美味物質，同時減少苦味和澀味，進而沖煮出清爽乾淨、有甜感的咖啡。

20	19	18	17	16	15	14	13	12	11	10	9	8	7	6	5	4	3	2	1
完成！	倒入杯中	溫杯	搖晃咖啡下壺	取走濾杯	第5次注水	第4次注水	第3次注水	第2次注水	悶蒸	第1次注水	歸零後開始計時	將咖啡粉搖平整	放入咖啡粉	沖洗濾紙	放置濾紙	摺濾紙	研磨咖啡豆	秤重咖啡豆	將水煮沸

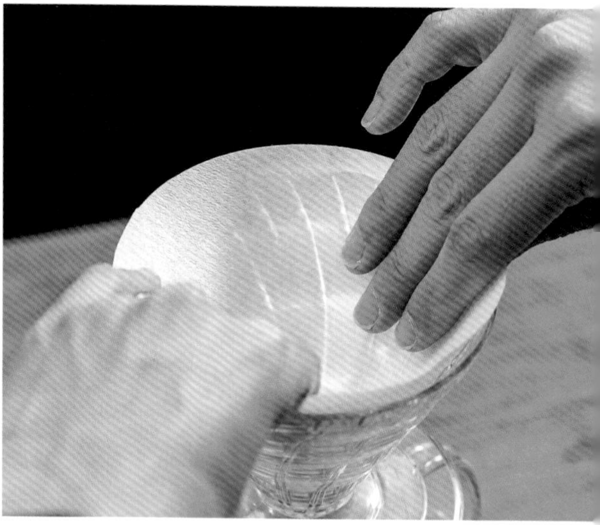

5/20 放置濾紙

將濾紙放入濾杯。如果隨手一放，濾紙浮在濾杯上面，兩者之間會形成空氣層。這是導致風味走鐘的原因之一，因此請確保濾紙有緊密貼合。

6/20 沖洗濾紙

將熱水倒在濾紙上。這是一個很重要的步驟。因為能讓濾紙緊密貼合在濾杯上、去除濾紙的味道、將濾杯溫杯，並防止咖啡的美味被濾紙吸收。

Point

- 將濾紙跟濾杯貼合
- 開始手沖之前，確實沖洗濾紙
- 將咖啡粉的表面弄平坦

7/20 放入咖啡粉

將咖啡粉少量分批倒入濾杯中。即使是最好的咖啡磨豆機，多少也會有一些細粉產生，導致咖啡的重量減少。我在步驟 2 中會多秤一點豆子，並在此處調整使用的咖啡的重量。

8/20 將咖啡粉搖平整

搖晃濾杯，使咖啡粉表面平整。如果用力搖晃，粉堆表面會變得凹凸不平，並且讓咖啡粉黏在濾杯的側面，因此要輕輕搖晃濾杯。如果咖啡粉表面不平整，熱水就無法均勻地流過。

20	19	18	17	16	15	14	13	12	11	10	9	8	7	6	5	4	3	2	1
								0:45時注水60g		注水60g	START								
完成!	倒入杯中	溫杯	搖晃咖啡下壺	取走濾杯	第5次注水	第4次注水	第3次注水	第2次注水	悶蒸	第1次注水	歸零後開始計時	將咖啡粉搖平整	放入咖啡粉	沖洗濾紙	放置濾紙	摺濾紙	研磨咖啡豆	秤重咖啡豆	將水煮沸

10/20 第1次注水

分為5次注水，每次注入總水量的20%。在這次的例子中，我們使用了300g的熱水進行萃取，因此每次注水應為60g。第1次注水要緩慢，每次倒一點，注意熱水要均勻地倒在整個咖啡粉上。

9/20 歸零後開始計時

按下開機按鈕開始萃取。測量時間並遵守注水時間點非常重要。你可以使用手機或手錶上的碼錶來代替，千萬不要依賴自己的感覺。

Point

- 正確測量時間，並遵守注水時機
- 分成5次，每次倒入60g熱水
- 將熱水均勻地倒在咖啡粉上

12/20 第2次注水

從開始計時45秒後，注入60g熱水（總共120g）。第1次注水跟第2次注水分別倒入60g，這是將風味引出來的基本方法。你可以透過改變這個比例來調整風味（詳細見第4章介紹）。

11/20 悶蒸

咖啡中含有二氧化碳，注入熱水後會不斷冒泡。良好的悶蒸有助於更好地萃取咖啡中的物質。所以稍候片刻，享受此刻咖啡所散發出的香氣。

2:10時注水60g

2:40時注水60g

1:30時注水60g

20	19	18	17	16	15	14	13	12	11	10	9	8	7	6	5	4	3	2	1
完成！	倒入杯中	溫杯	搖晃咖啡下壺	取走濾杯	第5次注水	第4次注水	第3次注水	第2次注水	悶蒸	第1次注水	歸零後開始計時	將咖啡粉搖平整	放入咖啡粉	沖洗濾紙	放置濾紙	摺濾紙	研磨咖啡豆	秤重咖啡豆	將水煮沸

13/20 第3次注水

從開始計時1分30秒後，注入60g熱水（總共180g）。從這裡開始，就變成了4：6法的「6」了。從第3次注水開始，水柱要倒得稍微大些、更激烈些，用以攪拌咖啡粉，才容易增加咖啡的濃度。

14/20 第4次注水

從開始計時2分10秒後，注入60g熱水（總共240g）；前3次注水的間隔為前1次注水開始計算的45秒，但為了防止苦味和澀味的產生，第3次注水和第4次注水之間的間隔應稍短一些，就讓它縮短為40秒吧。

Point

- 前3次注水，每次間隔45秒，第4次間隔40秒，第5次則間隔30秒
- 從第3次注水開始，稍微加大注水力道會比較好
- 注水完成後，咖啡粉層表面應該是平整的

15/20 第5次注水

從開始計時2分40秒後，注入60g熱水（總共300g）。此時萃取已進入尾聲，咖啡裡的物質也變得更容易萃取，因此第4次注水和第5次注水之間的間隔時間應再縮短10秒，設定為30秒。

16/20 取走濾杯

當所有熱水倒完後，稍等片刻，在開始計時後的3分30秒時將濾杯取走。如果萃取成功的話，這時間點的咖啡應該幾乎滴完，濾杯內的咖啡粉層表面平整。將取走的濾杯放到另一個碟子或其他容器上。

20	19	18	17	16	15	14	13	12	11	10	9	8	7	6	5	4	3	2	1
完成！	倒入杯中	溫杯	搖晃咖啡下壺	取走濾杯	第5次注水	第4次注水	第3次注水	第2次注水	悶蒸	第1次注水	歸零後開始計時	將咖啡粉搖平整	放入咖啡粉	沖洗濾紙	放置濾紙	摺濾紙	研磨咖啡豆	秤重咖啡豆	將水煮沸

18/20 溫杯

雖然可以直接將咖啡倒入杯中，但如果讓剛煮好的咖啡溫度下降就太浪費了。你可能急於品嘗，但可以的話請稍微忍耐一下。將手沖壺中剩餘的熱水倒入杯中，為杯子溫杯吧。

17/20 搖晃咖啡下壺

萃取出來的咖啡液，在咖啡下壺的上方與下方的物質和濃度是不太一樣的。不要立刻將萃取液從下壺直接倒到咖啡杯中，而是透過搖晃咖啡下壺，進行混合攪拌，讓風味跟濃度一致。

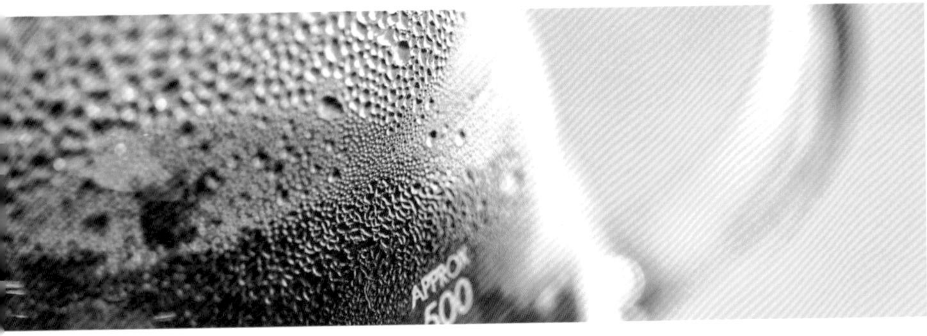

20/20 完成！

辛苦了，現在可以享受咖啡了！咖啡的風味和口感在溫熱跟冷卻時會有所變化，所以建議你慢慢品嘗。享受這美味且美妙的咖啡時光吧！

19/20 倒入杯中

溫杯後將熱水倒掉，再把熱騰騰的咖啡倒入。如果用自己喜歡的杯子品嘗的話，會覺得咖啡變得更加美味。隨著杯子的材質和形狀不同，味道和口感也有差異，所以我建議依據當下心情來嘗試不同的杯子。

04

手沖咖啡的4大要點

手沖咖啡的時候，只需注意幾個小細節，就能讓咖啡更加美味。以下是一些簡單的要點！

首先是水的溫度。咖啡豆是由生豆經過烘焙製成（關於烘焙的更多資訊，請參見第100頁）。烘焙程度一般分為顏色比較明亮的「淺烘焙」、經過充分烘焙的「深烘焙」，以及介於兩者之間的「中烘焙」。

由於烘焙程度會影響風味口感和「萃取效率」（就是物質容易被萃取的程度），因此建議調整水的溫度。

1 依據咖啡豆的烘焙程度去調整水的溫度

COFFEE KARUTA
い
いままでいちばん美味い！
這是我所喝過最美味的！

淺烘焙 93°C前後

由於淺烘焙咖啡結構相對較硬，萃取效率也較低。為了能充分萃取風味物質，熱水的溫度應稍微高一些，以提高萃取率。

中烘焙 88°C前後

介於淺烘焙和深烘焙之間，溫度在88°C左右最適合。但在某些情況下，烘焙程度可能更接近淺焙或深焙。這時請適當進行溫度調整。

深烘焙 83°C前後

深烘焙咖啡由於結構柔軟，萃取效率較高，若水溫過高，則會導致咖啡產生澀味或苦味。建議將溫度略微調低至83°C左右。

2 悶蒸的時候，咖啡粉不怎麼膨脹也OK

悶蒸

這裡使用的咖啡是中烘焙。有這種程度的泡沫就OK了。

第1次注水

注入熱水後，悶蒸就開始了。需要注意的，是要將熱水均勻倒在全部的咖啡粉上，而非看它膨脹得順不順利。

香氣也要檢查

為檢查萃取是否順利，建議還是要聞一聞咖啡的香氣，確認情況如何。

第2次注水

你可能認為咖啡只會在首次注水和悶蒸時冒泡並持續膨脹，但就算到了第2次注水，過程中也會釋放大量氣體。

注入熱水之後，咖啡粉就會開始冒泡並膨脹起來，看起來非常美味。有些人可能會擔心，如果沒有膨脹得那麼厲害，自己這泡咖啡「可能失敗了吧」。其實就算沒那麼膨脹也是沒關係的。咖啡粉會膨脹，是因為其中的二氧化碳被釋放出來。淺烘焙和中烘焙的咖啡氣體相對較少，因此不太會膨脹。如果升高水溫來萃取，就比較容易膨脹，但也可能導致過度萃取，產生不好的澀味。

中烘焙與圖片中的情況大致相同。不過，也有因為咖啡豆已經變質而不太會膨脹的情況。與其擔心會不會膨脹，不如在注入熱水後聞聞香氣，確認一下悶蒸是否順利。

3 濾紙要確實摺好

用另一隻手摺好接縫處

從內側壓好濾紙，另一隻手將濾紙接縫處整齊地往下摺。

將一隻手伸入濾紙內

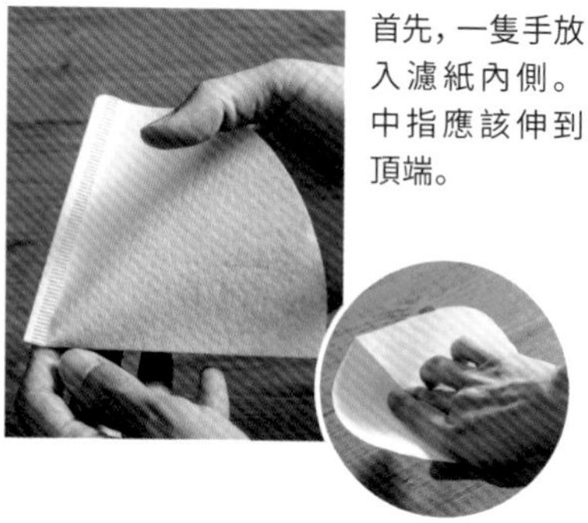

首先，一隻手放入濾紙內側。中指應該伸到頂端。

內側也要摺

外側折好後，也要從內側壓實，讓摺痕更加穩固。

NG

隨性地摺

要避免摺得太隨性，這樣會讓濾紙無法緊密貼合濾杯。

把濾紙放入濾杯時，需要注意什麼呢？

可能有人會「……嗯？」覺得很困惑。其實我們經常看到很多人都是隨意地摺濾紙，然後也隨性地把它放進濾杯。但這個步驟，其實是超級重要的工程！

這是因為濾杯的設計，就是要和濾紙緊密貼合，以便在萃取的時候，提取出咖啡的風味。如果兩者沒有緊貼，濾紙跟濾杯之間就會形成一道空氣夾層，導致萃取出的味道有所變化。

放置濾紙的重點有二。首先，濾紙要確實摺好。將一隻手放在濾紙內部，另一隻手確實地將濾

4 透過浸溼，讓濾紙與濾杯緊密貼合

壓住濾紙並開始沖洗

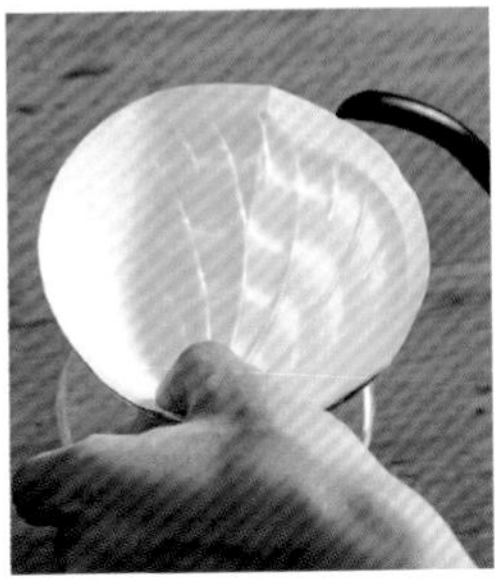

將熱水倒在濾紙上。這時，另一隻手要壓著濾紙。

用雙手確實地讓其密合

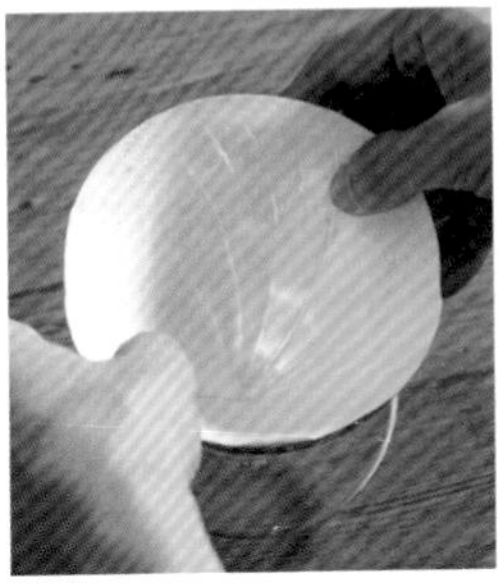

用雙手將濾紙壓在濾杯上，確保跟濾杯是緊密結合的。

濾紙跟濾杯緊密結合

確實摺好濾紙，並小心地將熱水澆在濾紙上，濾紙會和濾杯緊密結合。

NG

濾紙跟濾杯沒有貼合

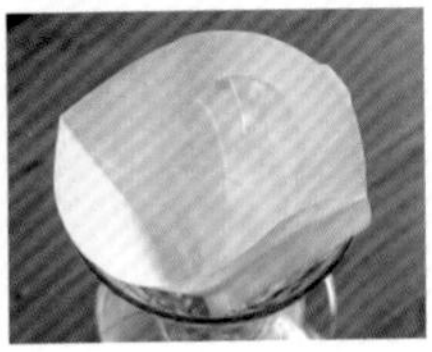

濾紙跟濾杯沒有貼合的話，可能會讓萃取無法順利進行。

紙接縫處壓平。先摺好外側，再摺內側，讓摺痕確實固定。

其次，是萃取前的沖洗（浸溼）步驟。按住濾紙的同時，小心地將熱水倒在濾紙上，使濾紙跟濾杯貼合。

雖然有些人可能不進行濾紙沖洗，但這步驟其實非常重要。它有助於去除濾紙的味道，並且可以防止咖啡萃取出來的美味物質被濾紙吸收，是一個不可忽視的過程。

再來，每次都保持使用相同的條件也非常重要。不要輕易改變使用的濾紙、摺濾紙的方法、以及將濾紙沖洗等步驟。

05

保存咖啡豆的竅門

你是否曾有這樣的經驗：咖啡剛買回來時風味還不錯，但過了一陣子再沖，卻覺得：「咦，是這樣的風味嗎？」咖啡豆通常在常溫下販售，但如果就這樣放置不管，品質就會逐漸變差。因此，建議將咖啡放在冷凍庫中。

不過，這並不意味著剛烘焙好的咖啡就絕對美味好喝。烘焙後的咖啡豆會產生大量的二氧化碳，因此，如果放置一段時間，就可以有效釋放部分氣體，讓咖啡變得更好喝。這段時間就稱為「養豆」。最佳飲用時間是烘焙後的1到3週左右。過了這段時間再將咖啡放入冷凍庫保存，可以繼續保有幾個月的最佳狀態。

烘焙後1週內的咖啡香氣濃郁，但風味很難萃取，味道模糊不清。不過，在萃取過程中，咖啡粉會馬上膨脹起來，沖煮時會很有趣。

烘焙後1到3週，咖啡豆的個性和特徵最明顯，是最美味的時段；超過3週後，香氣和風味都會開始變弱。

然而，最佳的飲用時間還是取決於咖啡豆本身，以及販售時

最佳飲用時間示意圖

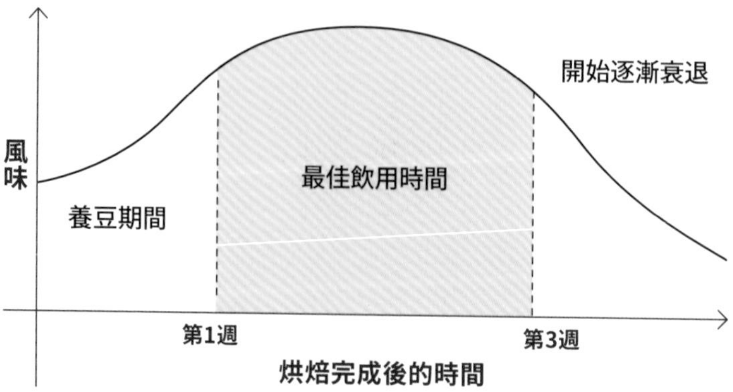

的狀態。

你可以嘗試等上不同的時間去沖煮比較，應該就能找到最美味的時機。例如，設定在烘焙1週後、2週後、3週後、4週後去做比對。或許你會發現，剛買回來時覺得「普普通通」的咖啡，有可能「其實非常好喝」！

不過，如果是咖啡粉的話，養豆時間會比咖啡豆更短，衰退的速度也比較快，因此應該立即放到冷凍庫保存。

此外，咖啡暴露在空氣中也會氧化變質，因此要盡可能地把咖啡豆袋裡的空氣排出，並將袋子緊密封好。咖啡對光線也比較敏感，所以應避免陽光直射和日光燈的照射。

推薦冷凍庫保存

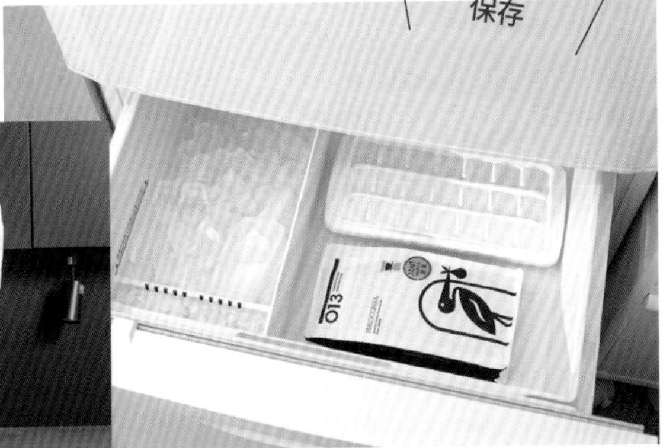

聞香氣來確認咖啡的狀態

COFFEE KARUTA
う
ウソみたい！
太不可思議了！
COFFEE KARUTA
え
え！これ、珈琲ですか？
欸！這真的是咖啡嗎？
COFFEE KARUTA
お
おだやかな口あたり
喝起來口感溫順。

讓我成長的咖啡大賽

讓我發表4：6法並取得世界冠軍的世界咖啡沖煮大賽，始於2011年。該賽事讓各國冠軍齊聚一堂，主要就萃取技術和創意展開競賽。萃取器具可以自由使用手沖、愛樂壓或是虹吸壺等等，但大多數選手都選擇手沖。需要注意的是，像義式濃縮機等使用機器動力的器具是不被允許的。

作為日本選拔賽的日本咖啡沖煮大賽，則是從2014年開始。實際上，我從首屆JBrC就開始參賽了。

此外也有其他咖啡大賽，包括針對義式濃縮跟牛奶飲品技術的「世界咖啡師大賽」（World Barista Championship，WBC），以及針對咖啡拿鐵或卡布奇諾之技術與藝術性競賽的「世界咖啡拉花大賽」（World Latte Art Championship，WLAC）等等。

自從成為咖啡師以來，我參加了包含在日本國內舉辦的各種比賽。對我而言，比賽是讓人成長的地方，也是保持動力的手段。因此，只要有機會參加，我都會積極地接受挑戰。

然而，在大約一年半的時間裡，我一場比賽也沒贏過，一開始的兩場JBrC比賽也都不盡如人意。

我首次闖過第一輪是在2015年2月的「日本愛樂壓

大賽」（Japan AeroPress Championship，JAC）。我乘勢而上，贏得了冠軍。緊接著，在第三次參加JBrC時，也取得冠軍。最後，更在WBrC上成為世界冠軍。

我認為自己之所以能夠奪冠，一方面是因為累積了經驗，另一方面則是因為我開始練習抄經，能夠以更高、更全面的角度來審視自己。

即使奪得世界冠軍，我依然每年都會前往WBrC賽場。因為我有擔任國內外選手的教練，其中也有一些咖啡師取得了世界冠軍。然而，不單單是優勝者，所有參賽咖啡師的技術以及對咖啡的熱情，全都令人讚嘆，讓我深受他們的激勵與啟發。

歷屆冠軍經常會齊聚等候室，彷彿同學會一般。彼此不僅會交流最先端的資訊，也會交換罕見的咖啡豆。直至今日，這仍然是我每次都很期待的地方。

HARIO

Chapter 2

我愛用／推薦的咖啡器材

01 咖啡的萃取方式非常多元

簡單來說，「咖啡萃取」意謂著將咖啡粉中的物質溶解到水中的過程。然而，依照不同的器具及萃取的方式，其口感和風味都會產生變化，這是一門非常深奧的學問，也是令很多人上癮的原因。

在自己家中，手沖咖啡是最常見的主流方法，但除此之外，還有許多不同的萃取方式。一般來說，可以將其分為兩種：「滴濾法」和「浸泡法」。滴濾法是將熱水倒在咖啡粉上加以萃取；浸泡法則是將咖啡粉浸泡在熱水中加以萃取。

最具代表性的滴濾法就是手沖咖啡。這種方式的特色是萃取能力相對較強，更容易萃取出風味物質。因此，可以根據萃取手法的不同，來自由調整風味，或者說，味道上很容易因技術不同而有落差。近年來，新型的咖啡濾杯相繼問世，同時也產生了許多顛覆傳統觀念的萃取方案。我常常為此感到驚訝。

浸泡法則包括愛樂壓、法式濾壓和虹吸（賽風）。由於能溶解到熱水中的咖啡物質有一定的上限，所以與滴濾法相比，浸泡法的萃取能力較弱，在這樣的情況下，任何人都可以沖泡出一杯相對穩定且美味的咖啡。但這也代表了萃取的自由度比較差。此外，要注意的是，浸泡咖啡的時間不宜過長，否則咖啡也會產生苦味和澀味。

根據咖啡豆的種類和當天的心情，使用不同器材進行沖煮，是一件非常有趣的事。另外，我也很推薦去咖啡店品味一下不同的口味。

COFFEE KARUTA
か
かみがかってる！
太神奇了！

滴濾法

將熱水倒在咖啡粉上，藉此萃取其中物質。代表方法就是手沖。它有較強的萃取能力，容易萃取出咖啡物質。然而，根據不同的萃取手法，風味呈現上也有所不同，味道也會因技術不同而產生落差。

浸泡法

將咖啡粉浸泡在熱水中，用來萃取其中的物質。代表方法是法式濾壓壺。萃取力道較弱，達到一定濃度後，物質的溶出就幾乎停止，因此在沖煮時，即使是初學者，也比較容易得到穩定的味道。

02

咖啡濾杯

家裡與店裡的標準配備

儘管被統稱為「濾杯」，但它的形狀卻是五花八門。因應萃取孔徑的大小及製作的方式，也可分成不同種類，這些因素都會影響到萃取出來的風味。

近年來，獨特的濾杯相繼誕生。不僅是製造商，咖啡店和咖啡師也會開發新型濾杯，成為咖啡大賽和展覽會上的熱門話題。

在本書中，我將介紹我的首選——HARIO的V60，以及在精品咖啡店廣受歡迎的KONO（河野）、Kalita Wave（蛋糕濾杯）和ORIGAMI（摺紙濾杯），還有

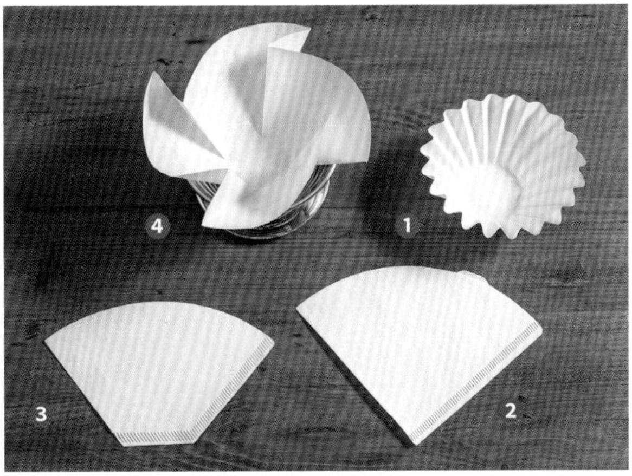
4
1
3
2

請選擇與濾杯相配的濾紙。適合的濾紙有：❶Kalita或Origami ❷錐形或Origami ❸梯形 ❹OREA。有漂白和無漂白兩種，但我推薦選擇漂白的。此外，熱水流速會因產品而異。

丹麥咖啡師為了參加2019年WBrC而開發的April Brewer，以及2022年在日本推出的OREA。另外，還有兩種常見於咖啡店和家庭的梯形濾杯，總共八款濾杯。

COFFEE KARUTA
き
きたきたー！
綺麗な味ですね
就是這個！這味道真是不錯。
COFFEE KARUTA
く
くぅーー！QOL
爆上がり
噢噢！生活品質大幅提升。

按形狀分類

形狀

形狀大致可以分為「錐形」、「平底」和「梯形」三種。

×

萃取孔徑大小

萃取孔徑的大小，可以大致分為大和小兩種。

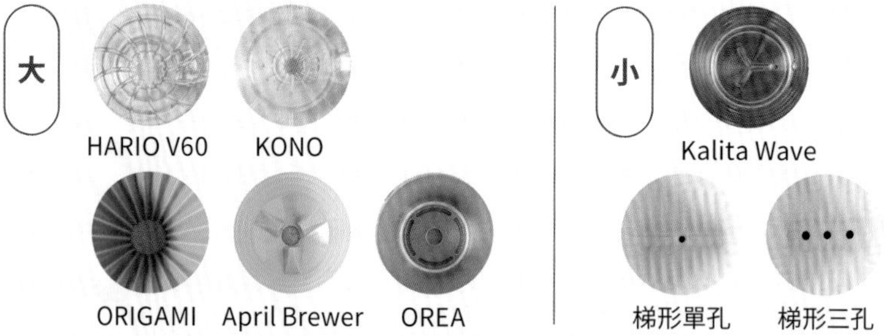

×

孔的數量

孔的數量通常是單孔或是三孔，
「OREA」則是例外的特殊型態。

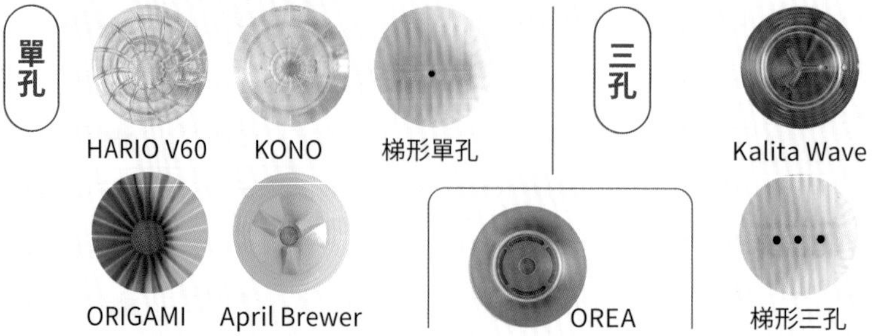

濾杯主要風味示意圖

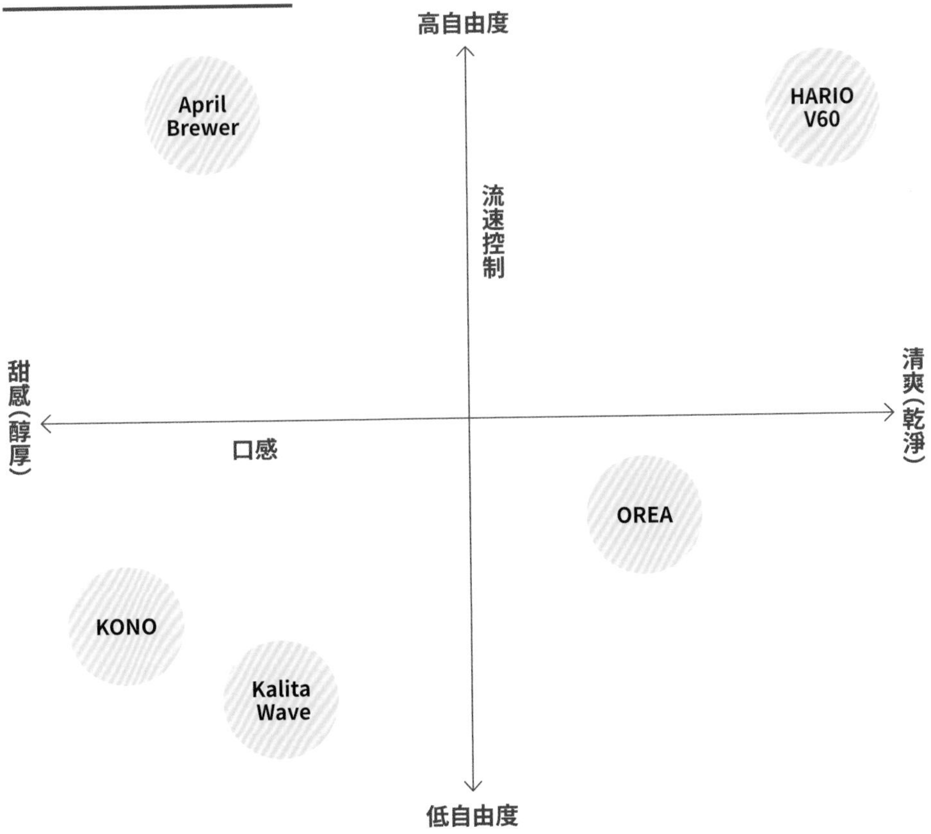

濾杯的特點在於其形狀、孔徑大小和孔的數量，這些都會影響並改變風味。主要風味分布如上圖所示。

Kalita Wave 以外的錐形和平底濾杯都具有大孔徑，可使熱水快速排出，進而製作出清爽的咖啡。另外，在控制熱水流速方面也有很大的自由度，因此更容易調整風味。濾杯內部溝槽「肋骨」的形狀和長度不同，也會對風味產生影響。

另一方面，Kalita Wave 和梯形濾杯的孔徑較小，因此熱水流出的速度較慢，從而更容易獲得均勻的風味，且比較傾向於濃郁的咖啡。

HARIO V60

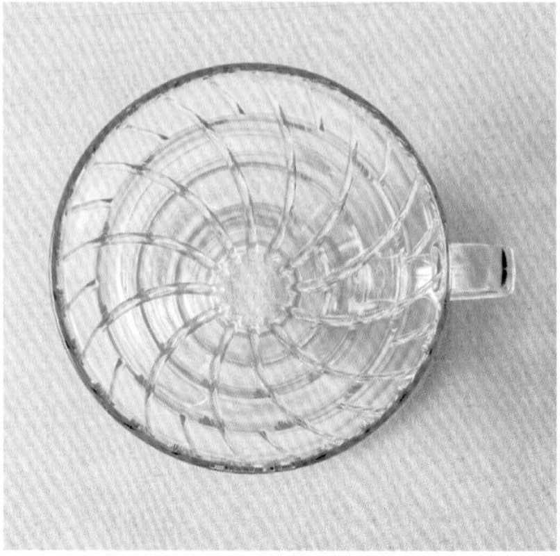

可說是錐形濾杯的代表作。由日本咖啡設備和玻璃製造商「HARIO」推出，在世界各地被廣泛使用。包括我在內的許多WBrC冠軍都是愛用者。它可以製作出均衡、乾淨的口感。

KONO 河野濾杯

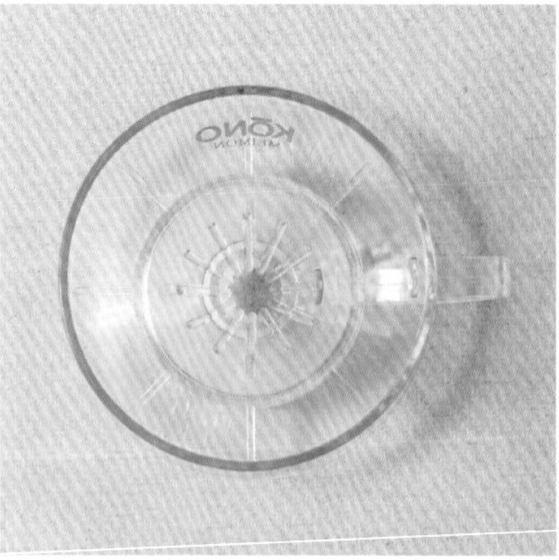

錐形濾杯的先驅，由日本「珈琲サイフオン株式會社」推出。外形呈圓錐形，有一個大孔，結構與V60相似，但肋骨較短、呈直線。跟V60相比，流速較慢，因而能產生較為濃厚的味道。

Kalita Wave 蛋糕濾杯

由日本咖啡機製造商「Kalita」推出。平底可以讓熱水緩慢流出，使熱水更容易與咖啡粉接觸，咖啡的甜感和醇厚感也能更清晰地表現出來。對任何人來說，都能相對輕鬆萃取出均衡的口感。

ORIGAMI 摺紙濾杯

由名古屋咖啡店「TRUNK COFFEE」的咖啡師開發。特色是內外凹凸一致形成肋骨的獨特形狀。可以使用錐形和Kalita Wave型兩種濾紙，方便調整風味。

April Brewer

由丹麥的咖啡師開發。平底，有個稍大的孔，底部還有三個凸起、類似氣囊的特徵。與傳統錐形濾杯相比，它的熱水流速更快，因此沖煮出來的咖啡口感上更乾淨、更香甜。

OREA

由英國咖啡設備製造商「OREA」推出。平底，圓孔與挖空處共五個洞。一方面確保熱水與咖啡粉可以充分接觸，另一方面熱水流速也快，因此更容易調整咖啡的風味。

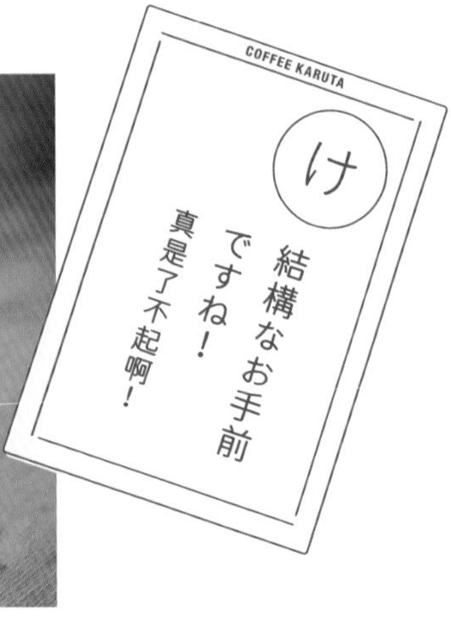
COFFEE KARUTA
け
結構なお手前ですね！
真是了不起啊！

梯形單孔濾杯

相較於錐形濾杯，梯形濾杯無論怎麼注水，都能讓熱水在濾杯中停留更長的時間。如果孔徑較小且只有一個孔的話，就更容易帶來醇厚的口感。

梯形三孔濾杯

與梯形單孔濾杯一樣，它能增加熱水與咖啡粉接觸的時間，但相對於單孔，三孔的熱水流速更快。這種設計，能讓咖啡兼具甜感與厚實的口感。

03

簡單煮出美妙滋味

愛樂壓

愛樂壓是一種「透過將咖啡粉和熱水浸泡在設備中，而後施加壓力來萃取咖啡」的方法。與手沖咖啡相比，沖煮咖啡所需的時間更短，對技術的要求也更低，因此任何人都能利用愛樂壓輕鬆沖煮出美味的咖啡。

在家裡使用愛樂壓的人可能不多，但我強烈推薦！在獨立開業以前，我在一家名為「COFFEE FACTORY」的咖啡店工作，當時出杯用的就是愛樂壓。事實上，我在參加WBrC之前，幾乎只用愛樂壓沖煮咖啡。

就風味表現來說，愛樂壓的特色是能煮出美妙的酸質。特別是用於淺烘焙的咖啡豆時，更是美味。由於用它製作的咖啡口感清爽，因此不但適合熱飲，也非常推薦製作冰飲（冰飲作法見第135頁介紹）。

愛樂壓一般的萃取方法是：將濾蓋底部的濾紙鋪好，把咖啡粉倒入針筒內，接著倒入熱水，用攪拌棒攪拌使其浸泡，然後將活塞安裝在頂部，並向下按壓。

另外，還有一種稱為「倒置法」的萃取方式，就是在將針筒

愛樂壓的特徵

- 可以在短時間內輕鬆萃取
- 能更好地萃取出酸質，適合用於淺烘焙的咖啡豆
- 戶外使用也很推薦

和活塞倒置的情況下開始沖煮。相比之下，我更推薦這種萃取方法。接下來的圖解就要介紹倒置法，也是我在JBrC中贏得冠軍的萃取方式。

愛樂壓是由美國一家戶外運動玩具製造商所開發的產品。它攜帶方便，也非常適合露營等戶外活動使用！

需要準備的東西

❶本體

愛樂壓由一個針筒（A的上半部）、一個活塞（A的下半部）、一個攪拌棒（B）和一個濾蓋（C）組成。需要為濾蓋準備專用濾紙。

❷咖啡

建議使用淺烘焙。研磨度跟手沖咖啡相似，選擇中粗研磨即可。

❸磅秤

使用愛樂壓時，也要確實測量萃取時間和熱水量。

❹咖啡下壺

為了沖泡出濃郁的咖啡並將其稀釋，最好準備一個下壺或燒杯來盛裝萃取液。

❺咖啡濾杯

雖然不是必需品，但有了它，在沖洗濾紙時會超方便！

\ 用這套萃取方法贏得JBrC！/

粕谷流
愛樂壓沖煮法

粉：30g　粗研磨
水量：約120g
水溫：80°C左右

1 放入咖啡粉

將本體放在磅秤上，把30g咖啡粉放入針筒內。

2 沖洗濾紙

用熱水將濾紙浸溼。把鋪好濾紙的濾蓋放入濾杯中，並在濾杯下方放個杯子或是其他容器，以便操作。

5 注水

開始計時。注入約120g、80°C左右的熱水，同時旋轉本體。

6 攪拌

用攪拌棒攪拌10-20次，使粉水充分混合。

9 按下活塞

悶蒸後，用20秒的時間按壓。聽到「嘶嘶～」的聲音，代表萃取完成。

10 向上拉

拉起活塞，移開本體。由於咖啡粉會吸水，最後的萃取液將會是90g左右。

3 讓濾紙服貼

使用攪拌棒，以確保濾紙與濾蓋緊密貼合。

4 預熱下壺

將熱水倒入下壺或燒杯中，進行預熱。稍等片刻後，把熱水倒掉。

7 蓋上濾蓋

將裝有濾紙的濾蓋蓋上鎖好。

8 翻轉

將本體翻轉回來，放在下壺（燒杯）上。之後，悶蒸1分20秒。

11 倒入熱水

倒入熱水，達到喜好的濃度。大致上是萃取液：熱水＝1：1。建議倒入約90g熱水。

12 調節濃度

最後，搖晃下壺（燒杯）以充分混合咖啡液，調整濃度之後就大功告成了！

04

完整享受油脂與圓潤口感

法式濾壓壺

我覺得法式濾壓壺是一種能將咖啡豆的全部風味、無論好壞都呈現出來的萃取方法。

沖煮過程非常簡單。總的來說，只需要將咖啡粉浸泡在熱水中即可（當然，也有一些沖泡的小技巧）。雖然說萃取自由度很低，但這也正是它的魅力之一，因為無論任何人都能簡單地萃取咖啡。

法式濾壓壺的味道特徵是，可以完整地享受咖啡油脂。無論是手沖咖啡還是愛樂壓，有許多萃取方式都需要使用濾紙，藉以吸附油脂，製作出乾淨、清爽的咖啡。然而，法式濾壓壺不用濾紙，因此可以充分享受到咖啡的油脂。

由於油脂被保留下來，讓咖啡入口非常滑順，並且更容易感受到甜感。同時，口感上也更為圓潤。

不過，如果使用不好的咖啡豆或咖啡豆變質，法式濾壓壺可能會將所有負面特點一併萃取出來。它並不像手沖咖啡可以透過技術去調整風味，所以最好要避開不好的咖啡豆。

法式濾壓壺的特徵

- 任何人都能輕鬆萃取
- 可以享受咖啡本身的味道
- 口感滑順

法式濾壓壺萃取作法

粉：16g　粗研磨
水量：約280g
水溫：96℃左右

1 第1次注水

將16g的咖啡粉放入法式濾壓壺中，開始計時。第1次注水倒入100g熱水。

2 悶蒸

第1次注水結束後，悶蒸30秒。咖啡粉會膨脹起來。

3 第2次注水

第2次注水，倒入180g熱水，加到磅秤上的總水量顯示為280g。

4 蓋上蓋子

蓋上蓋子，等候計時到4分鐘吧。

5 按下活塞

4分鐘後，慢慢按下蓋子中間的活塞。

6 完成！

這樣就完成了。好好享用包含咖啡油脂的獨特風味吧！

05

享受濃郁風味
法蘭絨濾布

在過去傳統的咖啡館裡，經常可以看到法蘭絨濾布。儘管在現今的精品咖啡中使用的情況可能不多，但我其實超愛法蘭絨。首先，它的沖煮過程看起來真的很酷！那種獨特、專業的表現，令人難以言喻又心生嚮往。

當然，我也很喜歡它的味道。含有豐富油脂，口感較厚實又有質感，尤其是觸及舌頭時那種獨特的光滑質地……。雖然用於淺烘焙時也很美味，但用在深烘焙咖啡時，真的會讓人欲罷不能。

法蘭絨濾布的使用方式，是將咖啡粉放入濾布當中，然後慢慢的、每次倒入一點點的熱水來進行萃取。濾布錯綜複雜的交織結構，讓咖啡有了不同的質感，而其相對粗大的孔隙，也使萃取出的咖啡得以飽含油脂。

4：6法強調精確測量注水的時機點和注入的水量，不過我的法蘭絨濾布作法並沒有那麼嚴格。雖然有大致上的注水時間和注水量，但可以隨性一點。

覺得「大概就這樣、差不多吧」也OK的，根據自己的感覺，放心享受萃取的樂趣吧！

法蘭絨濾布的特徵

- 動作酷炫，看起來很專業
- 因為可以產生厚重質感，所以推薦深烘焙咖啡豆
- 在舌尖上享受獨特的滑順口感

法蘭絨濾布萃取作法

粉：20g　中細研磨
萃取量：150g

1 倒入咖啡粉

將法蘭絨濾布過熱水之後，倒入20g咖啡粉。

2 第1次注水

法蘭絨濾布的熱水量不用特別精準量測，而是靠感覺去享受。第1次注水加到一半，看起來大約75g就好。

3 第2次注水

稍微悶蒸一下，進行第2次注水。用左手拿著法蘭絨濾布並一邊轉動，會比較容易注水。

4 第3次注水

繼續注水，看磅秤顯示重量150g就停止。整體時間希望落在2分鐘。

COFFEE KARUTA
さ
さわやかな風が吹いていく！
清爽如微風吹來！

身為法蘭絨濾布愛好者，我也因此開發了一款產品。

法蘭絨濾布的缺點是處理起來稍微有點麻煩。首先是萃取後，濾布上的咖啡粉必須仔細沖洗乾淨。然後，要將整塊濾布浸泡在水中，放入保鮮盒或其他容器中，保存在冰箱裡，還需要經常換水。這可能是人們在家裡，甚至對店家來說都不太喜歡使用法蘭絨濾布的主要原因。

因此，我與HARIO合作開發了一款不鏽鋼濾杯，可以輕鬆重現法蘭絨濾布萃取的咖啡風味。此外，我們還研發了用有機材料製成的法蘭絨濾布來販售。

雙層不鏽鋼濾杯

考慮到法蘭絨濾布處理起來很費時間。所以我們思考是否可以用另一種材料，以便輕鬆享受濾布沖煮的風味。在2021年，我們推出了雙層不鏽鋼網結構的濾杯。可以輕鬆地拿在手裡，慢慢地、仔細地沖泡，並且再現法蘭絨這種獨特的沖法跟風味。

有機法蘭絨濾布

在製作了雙層不鏽鋼濾杯後，我們決定製作一款「貨真價實、嚴肅認真的法蘭絨濾布」，並著手開始研發工作。有機棉法蘭絨非常罕見，2022年時，我在自己經營的咖啡店「PHILOCOFFEA」推出了這款產品。

06

其實很簡單!? 虹吸壺

虹吸壺可說是法式濾壓壺和愛樂壓的混合體。它與這兩者一樣，將咖啡粉先浸泡在熱水中溶出物質，然後像愛樂壓一樣利用壓力萃取。有些人可能覺得這看起來很像科學實驗器材，操作起來想必「門檻很高」，但事實上，我覺得它是一個簡單而且可以短時間萃取的設備，無論誰都可以用它來沖煮出美味的咖啡。

虹吸壺的萃取方式是，先將熱水倒入底部的燒瓶中並加熱，然後將咖啡粉放入頂部的上壺中。將上壺插入燒瓶後，熱水會上升，此時請用攪拌棒攪拌。等待一段時間後，再次攪拌，如果咖啡回到底部的燒瓶中，就代表咖啡已經煮好了。

這種方法的特徵是將咖啡粉浸泡在熱水中，因此可以享受咖啡豆本身的味道。由於使用較高溫的熱水，可提高萃取效率，所以萃取時間比法式濾壓壺更短。

上壺底部裝有一個過濾器，根據材質是金屬還是法蘭絨等製成，風味也會有所變化。此外，透過改變攪拌方式、攪拌次數等因素，都能調整咖啡的風味。

虹吸壺的特徵

- 可以在短時間內輕鬆萃取
- 享受咖啡豆本身的味道
- 可透過不同的濾器
  讓風味、口感產生變化

07

最需要精細挑選

咖啡磨豆機

「在咖啡店喝的時候味道很美味，但回到家裡就不那麼好喝了。」如果你有這樣的感覺，原因可能不在於萃取技術，而是咖啡磨豆機。它對味道的影響，就是那麼大。

正如我在第1章（第35頁）中稍微提到的，咖啡磨豆機的價格差異很大，刀片的形狀和材質也截然不同。基本上，可以說價格和品質是成正比的。

如果使用的是普通磨豆機，即使用了優質的咖啡豆，也無法發揮其潛力。我認為，與其購買一包優質的咖啡豆，不如投資一台高性能的磨豆機，這樣更能讓手上的咖啡變得更加美味。

那麼這兩者有什麼不同呢？

最大的區別在於研磨出的粒徑大小是否有一致性。高性能磨豆機的刀片由鋼製成，其設計能確實地粉碎咖啡豆。這意味著可以生產出更多固定粒徑的顆粒，減少破壞口感的細粉。此外，咖啡粉的稜角分明，更容易萃取出美味的成分。然而廉價的磨豆機是塑膠刀片或螺旋槳式刀片，會使粒徑大小不均勻，且切角圓滑，產生大量的細粉。這樣不僅難以將美味物質萃取出來，還會導致味道變得模糊和苦澀。

所以絕對不要妥協購買廉價的磨豆機。一開始，你可以請店家用高性能的磨豆機幫你研磨。

咖啡磨豆機分成兩種類型：手搖磨豆機和電動磨豆機。手搖磨豆機所需研磨時間較久，但勝在小巧，操作起來也很有趣，是其魅力所在。電動磨豆機很方便，但不便攜帶，價格也比手搖磨豆機貴。你可以根據自己喝咖啡的生活習慣，選擇合適的一種。

選擇咖啡磨豆機的注意事項

1. 粒徑大小分布均勻
2. 容易調整粒徑大小
3. 不要妥協

➡ 購買一台好的咖啡磨豆機是超級重要的事！

粒徑分布概略圖

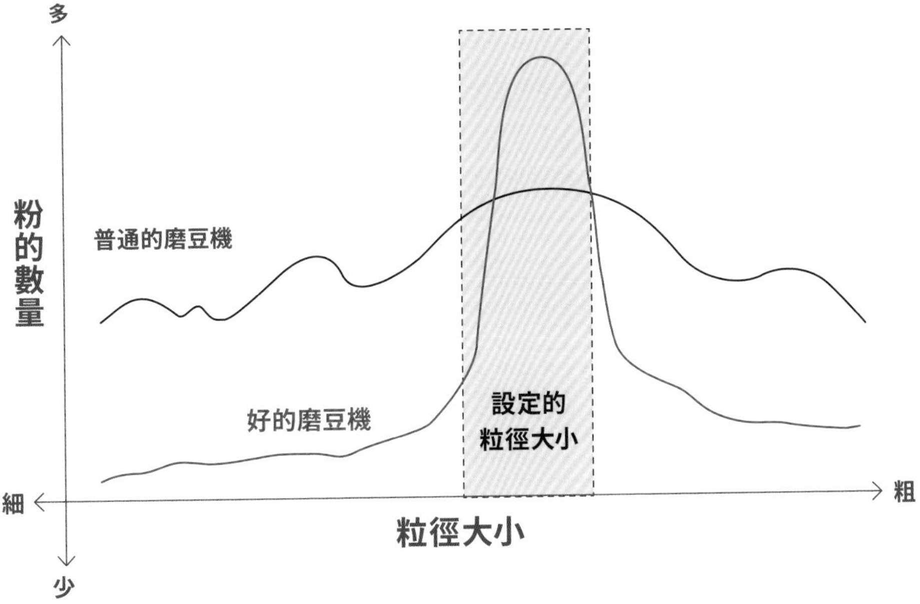

手搖磨豆機

COMANDANTE

手搖磨豆機當中最值得推薦的款式。許多參加世界大賽的頂級咖啡師都在使用，我也是愛用者之一。刀盤高性能、高品質、而且粒徑一致性高。你可以透過底部的粒徑調整旋鈕，輕鬆調整研磨程度。

電動磨豆機

EK43

雖然一台要價十萬台幣，但是性能優異，被用於許多追求品質的咖啡館。如果想要稍微經濟實惠的選擇，推薦「Kalita Next G」或是「Wilfa」、「LAGOM mini」。

TIMEMORE 泰摩

比COMANDANTE經濟實惠，刀盤的形狀、材質，以及使用上的方便性也是堪稱完美。也很推薦當做是第一台磨豆機。細粉的產生比COMANDANTE來得多，會建議用篩粉的方式去除。

COFFEE KARUTA
し
しびれる職人技！
令人驚嘆的職人技藝！
COFFEE KARUTA
す
するする飲める
這我可以咕嚕咕嚕地暢飲。

08

手沖壺

控制注水大小

手沖和法蘭絨濾布都是透過將熱水倒在咖啡粉上，來進行沖煮萃取。注水的技巧非常重要，依據水柱的粗細和注水方式，可能使咖啡變得美味，也可能帶出不理想的物質（詳細內容請參見第4章）。

如果想充分萃取出好的物質，就必須倒入快而有力的細水柱。另外，如果能控制好注水，即便咖啡豆的品質略有下降，或是在一開始萃取時有所失誤，也能在一定程度上補救風味。

為此，建議使用壺嘴較細、

❶粕谷哲監製不鏽鋼細口壺

一般常見手沖壺（下）的壺嘴跟把手之間的角度是180°，我們參考了急須壺重新調整了對應位置（上）。一般手沖壺是透過前後轉動手腕來注水，但此設計由於壺嘴和把手之間的角度約為120°，會動用整條手臂，注水時的控制也就更為精細。

❷粕谷哲監製V60霧黑不鏽鋼細口壺500ml
❸粕谷哲監製V60霧黑不鏽鋼細口壺300ml

跟一般手沖壺相比，壺嘴更窄、重量更輕。這使初學者更容易控制注水方式。手柄的手感也很舒適，方便萃取一杯份的咖啡。此外，有個小特色就是，當把沸騰的水倒入這款水壺時，水溫會剛好達到約90°C。

2

手感舒適的手沖壺。重量也是一個關鍵因素。如果太重就很難控制，因此應選擇自己容易操控的款式。

手沖壺有倒入熱水來使用的，有可以利用明火或電磁爐加熱的，還有直接通電的定溫壺。

COFFEE KARUTA
せ
世界に通用する！
全世界都覺得好喝吧！

09

改變入口的印象
杯具

玻璃杯的杯緣較薄，容易喝到咖啡的豐富度。推薦用於風味明顯的咖啡，以及想喝到清爽乾淨的咖啡時。如果杯口較窄，則更容易保持以及感受到杯內的香氣。

很多人應該都有這樣的經歷，在餐廳品酒時，依據酒的種類不同而提供不同的酒杯。尤其是葡萄酒，杯子的形狀還會因紅酒、白酒或產地的不同而改變。這是因為酒杯不同，呈現出的味道和口感也會不同。

咖啡也是如此。即使使用同樣的咖啡豆，用同樣的方法沖煮咖啡，在口中的感覺也會因杯具的不同而有變化。

我覺得影響最大的，是杯口的厚度和形狀。

如果杯緣較薄，舌尖就比較

這兩款咖啡杯是我研發設計的，都是由有田燒的職人生產製作。右邊的杯子因為杯緣較薄，更容易感受到細緻的風味，此外，較窄的杯口還可以讓你盡情享受香氣。左邊的杯子有較厚的杯緣，使口感更加滑順，更容易感受到甜感。不僅推薦用來喝黑咖啡，也十分適合品嘗咖啡拿鐵。

容易感受到咖啡的風味。這樣就更能品嘗到咖啡的豐富度，以及享受到咖啡的香氣和風味。如果杯緣較厚，則比較容易感受到咖啡的質感，咖啡的甜感和圓潤感會更加突出。因此建議用杯緣較薄的杯具飲用淺烘焙咖啡，用杯緣較厚的杯具飲用深烘焙咖啡。

根據形狀不同，咖啡進入口腔的速度也會發生變化，並造成口感的不同。

10

我開發的咖啡器材

截至目前為止，我總共開發了六款咖啡器材，包括粕谷哲監製V60濾杯、雙層不鏽鋼濾杯（第76頁）、有機法蘭絨濾布（第76頁）、手沖壺（第83頁）、杯具（第84頁）、杯測碗和杯測匙。有的是和HARIO共同開發，並由HARIO生產發售，有的則是我開發後，由PHILOCOFFEA進行販售。

在設計這些產品時，我主要會考慮以下三點。首先是「對現有的咖啡器材有所不滿」，其次是「希望喝到什麼味道的咖啡」，

3:30時Finish　0:45時注水60g　注水60g　START

1	將水煮沸
2	秤重咖啡豆
3	研磨咖啡豆
4	摺濾紙
5	放置濾紙
6	沖洗濾紙
7	放入咖啡粉
8	將咖啡粉搖平整
9	歸零後開始計時
10	第1次注水
11	悶蒸
12	第2次注水
13	第3次注水
14	第4次注水
15	第5次注水
16	取走濾杯
17	搖晃咖啡下壺
18	溫杯
19	倒入杯中
20	完成！

2:40時注水60g

2:10時注水60g

1:30時注水60g

依咖啡豆烘焙程度調整水溫

淺烘焙：約為93°C

中烘焙：約為88°C

深烘焙：約為83°C

《就這麼簡單！世界冠軍親授「4：6法」手沖奧義全解析 煮出令人上癮的好咖啡》，粕谷哲 著，廖光俊 譯 ，方舟文化出版

❶粕谷哲監製V60濾杯

特徵是肋骨比正常的V60還短、熱水可以緩慢流出。如果初學者利用4：6法來沖煮，由於研磨度較粗，用原始的V60往往會萃取不足。此款設計可以讓悶蒸更有效率，並且緩慢萃取，從而得到美味的風味。

6
1

❷雙層不鏽鋼濾杯（P76）
❸有機法蘭絨濾布（P76）
❹手沖壺（P83）
❺杯具（P84）

❻杯測碗
杯測匙

為了杯測（P120）而產生的商品。杯測碗大部分都是白色的，但是會因液體的顏色而多少對咖啡產生想像。黑色的話就分不清楚咖啡的顏色，等於在盲測的狀態下進行杯測。

最後是「怎樣做才可以使用起來更方便」——這些聽起來可能有點複雜，但總的來說，我是抱持著「如果有這樣的東西就好啦～」的想法來開發。

一旦有了概念或目標，我就會思考「接下來該怎麼做呢？」並著手進行。我一直都是先有理想之後開始。就像我在設計4：6法時一樣，也是決定了目標之後開始行動。

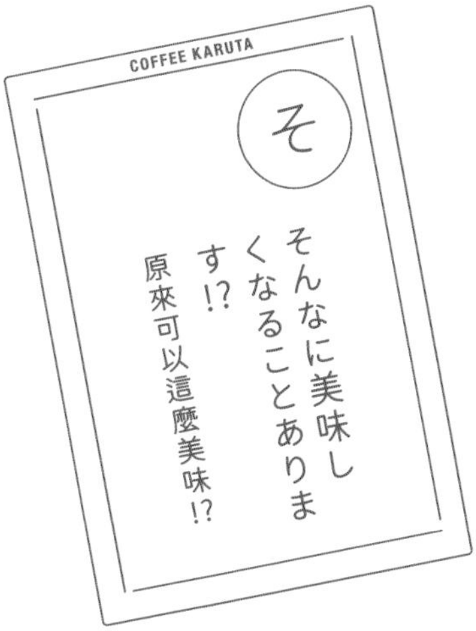
COFFEE KARUTA
そ
そんなに美味しくなることあります!?
原來可以這麼美味!?

配方咖啡的魅力

當你去咖啡店時，會點單品咖啡（Single Origin），還是配方咖啡（Blend）呢？有些人可能會想，「如果你喜歡喝咖啡的話，那就一定要喝單品咖啡吧」，但其實配方咖啡也很有魅力。

單品咖啡是指在單一產地、地區或莊園所種植的咖啡。當然，我很喜歡單品咖啡，因為可以享受到咖啡豆的個性。

至於配方咖啡則由多種咖啡豆組成。通常會將不同的咖啡豆混合在一起，但有時也會把同一種咖啡豆以不同烘焙程度來進行混合。因為透過組合可以調整酸質和甜度，而且有更多更廣的風味可供選擇。所以我同時也是配方咖啡的忠實粉絲。

PHILOCOFFEA 在挑選與烘焙，以及拼配咖啡豆時，前者重視「發揮咖啡豆的潛力和特性」，後者則著重於「如何創造我們想要的味道」。其他店家可能也是如此。配方咖啡往往更能凸顯出店家的特色。

順帶一提，日本全家便利店的咖啡風味也是我調製的。我決定咖啡豆的種類和混合比例，並且制定烘焙和沖煮作法等等，以創造出香甜且清爽的配方咖啡。雖然這是一項艱苦的工作，但很有意義、也很有趣，因為它有可能被全國各地的許多人品嘗到。

現在，配方咖啡已成為一種全球趨勢。大部分的功勞要歸功於畠山大輝先生，他是代表日本參加2021年WBrC的咖啡師。

正如第30頁所介紹的，在沖煮賽中，有一個名為「自選沖煮」的項目，每個參賽者都要自己準備咖啡豆。大多數人都選擇瑰夏等單一產地的咖啡豆，而畠山先生則使用配方咖啡豆參賽。雖然他在總成績中獲得亞軍，但在自選沖煮中獲得了最高分，與歷屆冠軍相比，也得到了非常高的評價。從此以後，配方咖啡快速成為人們所關注的焦點。

咖啡風味的發展趨勢，從2016年前後開始流行的是極淺烘焙的高酸質，至2017年左右，甜感也成為焦點之一。這些趨勢也是由WBrC等世界大賽中的前幾名選手所引領的。

在這些比賽中，咖啡濾杯和濾紙等等器材、咖啡品種以及各種創新萃取方式往往會得到展示，並吸引人們的關注。

01
HARIO

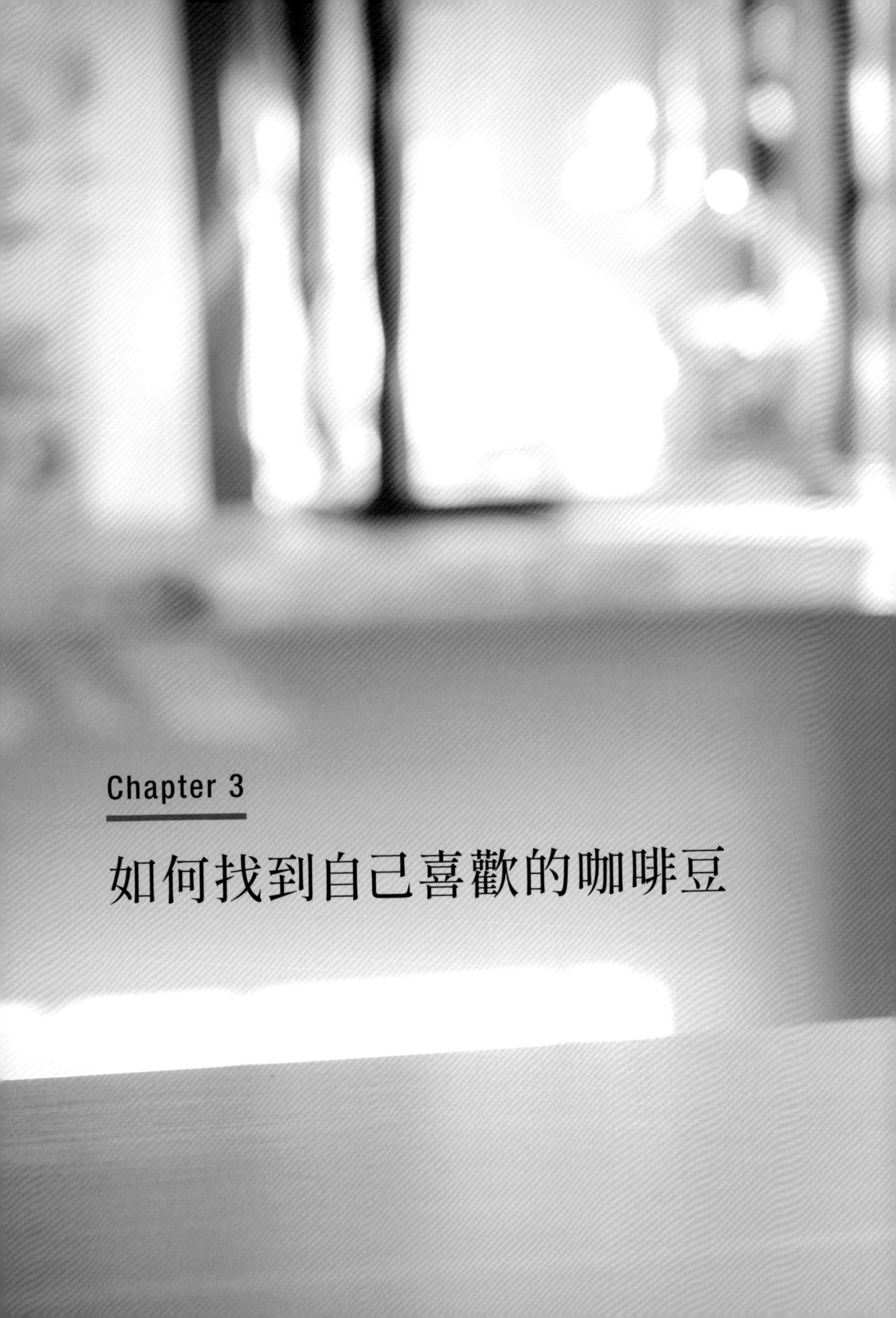

Chapter 3

如何找到自己喜歡的咖啡豆

01

到底什麼是「精品咖啡」

咖啡豆和其他農產品一樣，品質會因品種、生產者、生產地點和栽種方式不同而有所差異。這就是為什麼同樣一杯咖啡，價格差別卻如此之大。

一般來說，咖啡可分為4個等級。

最頂級的是「精品咖啡」。雖然沒有標準或認證，但「日本精品咖啡協會」（SCAJ）有定義，需要滿足「乾淨的風味」和「感受得到甜感」等7個條件（見第93頁）。此外，還必須具備可追溯性。必須明確標示莊園和生產者，並在後續處理與流通過程中進行徹底的品質管理。

其次是「優質咖啡」。這種咖啡可以追溯到生產國或地區，品質相對較高。

再來是流通最廣的「商業咖啡」，也被稱為「商品咖啡」。可以確定原產國，但往往無法追溯更多詳細資訊。

「低等咖啡」則是指上述3種以外的其他咖啡，主要用於即溶咖啡和罐裝咖啡。

儘管精品咖啡是我們現在特別強調的，但我個人並不認為只有精品咖啡才是好的。在PHILOCOFFEA裡，我們不只銷售精品咖啡，也銷售超商咖啡和即溶咖啡等各類型的咖啡。

這是因為我希望能讓更多的人每天都能享受到咖啡，也希望提高咖啡行業的水準。

我們也期盼對精品咖啡感興趣的人越來越多，咖啡產業的整體基礎也會因此擴大。

咖啡的分級

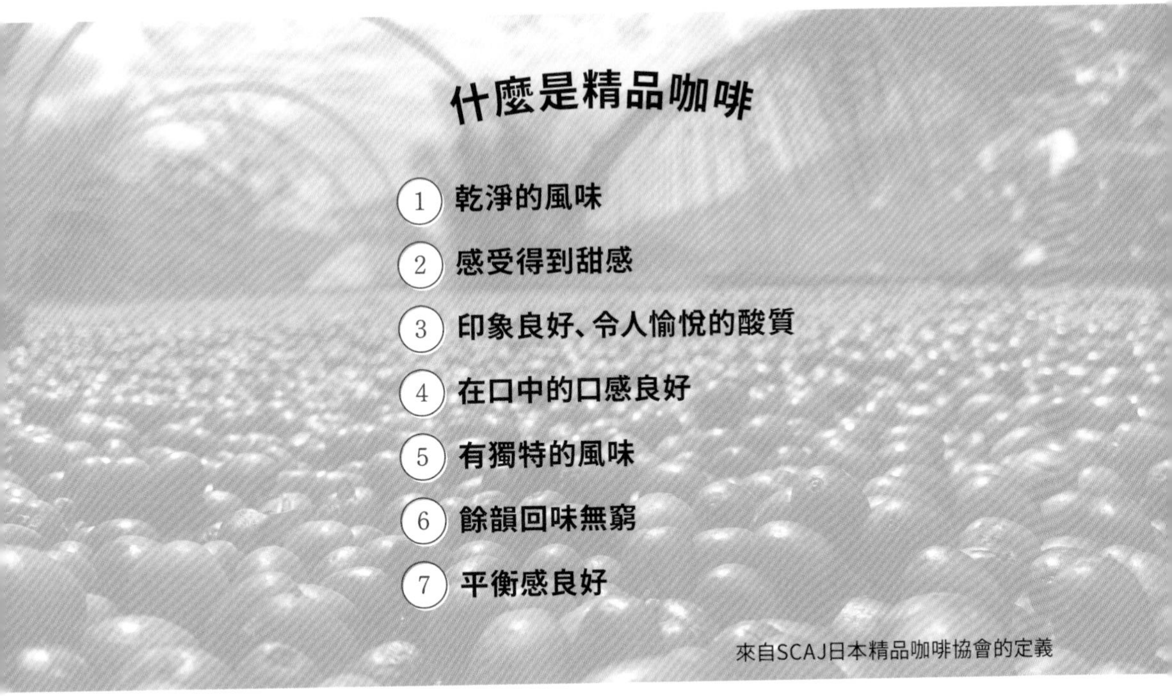

什麼是精品咖啡

1. 乾淨的風味
2. 感受得到甜感
3. 印象良好、令人愉悅的酸質
4. 在口中的口感良好
5. 有獨特的風味
6. 餘韻回味無窮
7. 平衡感良好

來自SCAJ日本精品咖啡協會的定義

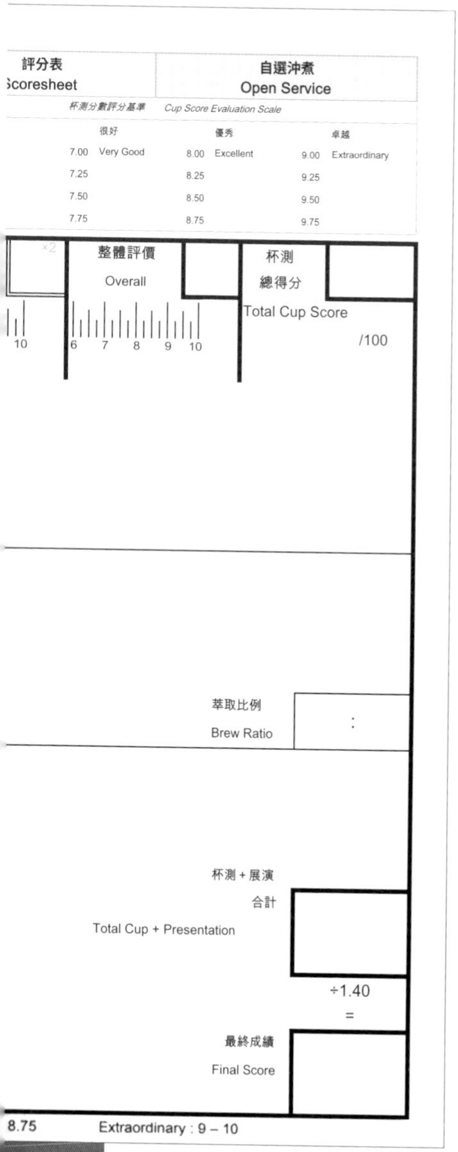

評分表
Scoresheet
自選沖煮
Open Service
杯測分數評分基準
Cup Score Evaluation Scale
很好
7.00 Very Good
7.25
7.50
7.75
優秀
8.00 Excellent
8.25
8.50
8.75
卓越
9.00 Extraordinary
9.25
9.50
9.75
×2
整體評價
Overall
10
6 7 8 9 10
杯測
總得分
Total Cup Score
/100
萃取比例
Brew Ratio
:
杯測＋展演
合計
Total Cup + Presentation
÷1.40
=
最終成績
Final Score
8.75
Extraordinary : 9 – 10

02

其實很複雜的咖啡風味

除了手上有這本書的人之外，我想，世上有很多人都認為咖啡是一種「又黑又苦的液體」。但實際上，咖啡的味道相當複雜，有各式各樣的香氣和味道。

要想從各個角度來享受咖啡的風味和口感，可參考JBrC和WBrC的評分表。你可以從中瞭解到風味和口感的細分方式、頂級咖啡師如何組合風味、以及專業人士會對哪些咖啡做出美味的評價。

JBrC、WBrC 的評分表

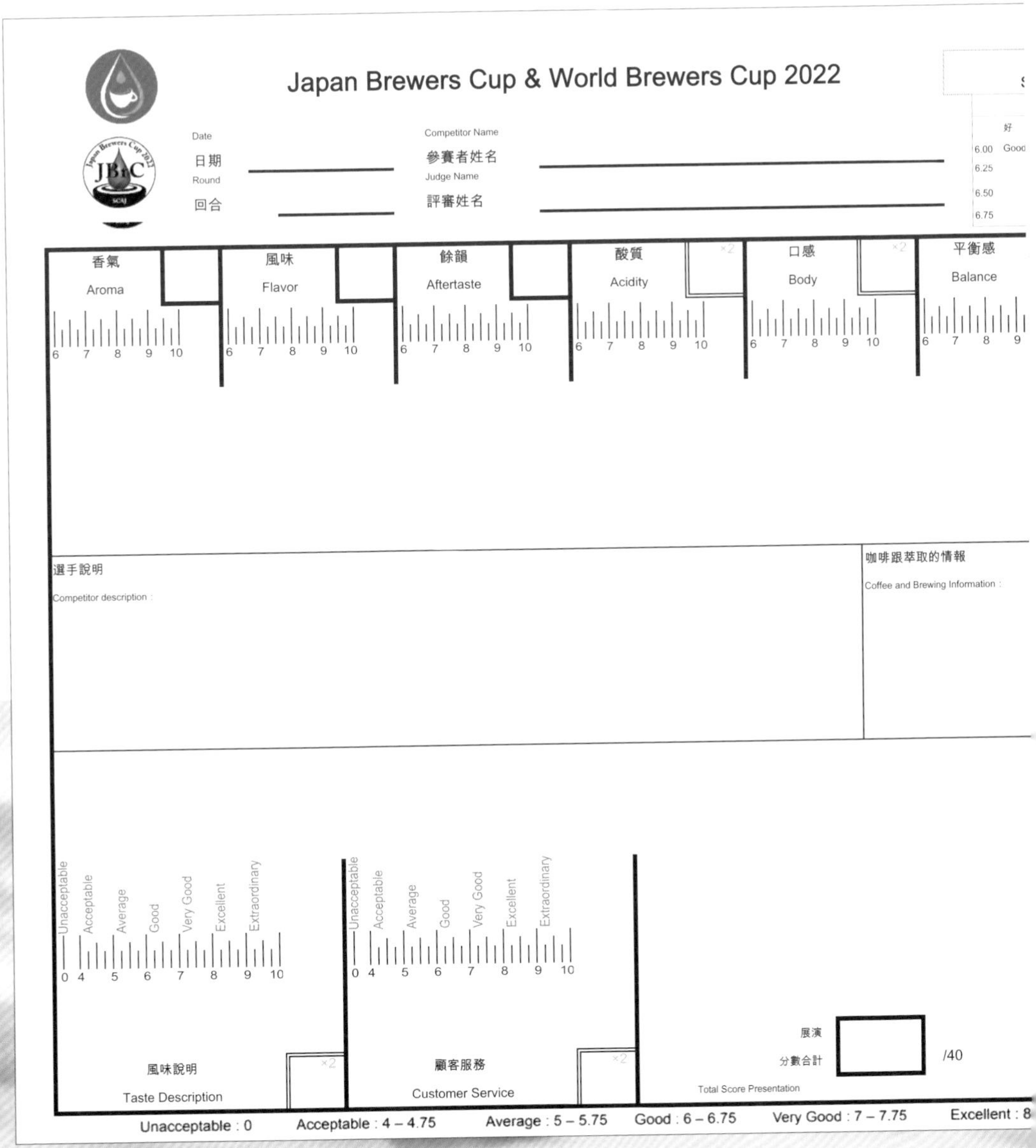

Japan Brewers Cup & World Brewers Cup 2022

Date 日期 ____ Competitor Name 參賽者姓名 ____

Round 回合 ____ Judge Name 評審姓名 ____

好 6.00 Good 6.25 6.50 6.75

香氣 Aroma 6 7 8 9 10

風味 Flavor 6 7 8 9 10

餘韻 Aftertaste 6 7 8 9 10

酸質 Acidity ×2 6 7 8 9 10

口感 Body ×2 6 7 8 9 10

平衡感 Balance 6 7 8 9

選手說明 Competitor description :

咖啡跟萃取的情報 Coffee and Brewing Information :

Unacceptable Acceptable Average Good Very Good Excellent Extraordinary 0 4 5 6 7 8 9 10

風味說明 Taste Description ×2

Unacceptable Acceptable Average Good Very Good Excellent Extraordinary 0 4 5 6 7 8 9 10

顧客服務 Customer Service ×2

展演 分數合計 Total Score Presentation /40

Unacceptable : 0 Acceptable : 4 – 4.75 Average : 5 – 5.75 Good : 6 – 6.75 Very Good : 7 – 7.75 Excellent : 8

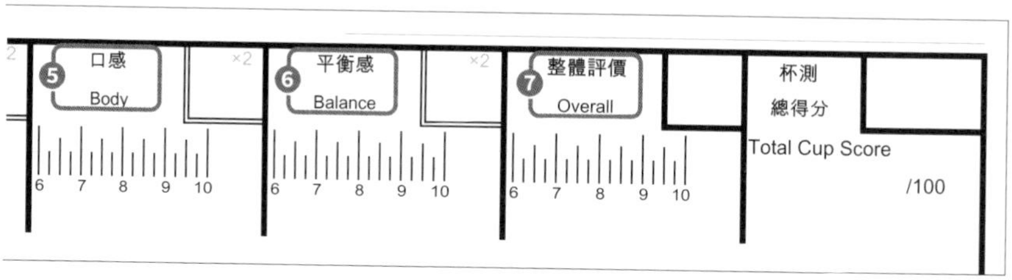

❶ 香氣

在品嘗之前就能感受到咖啡液的香氣。當熱水澆在咖啡粉上時，咖啡中的物質揮發產生香氣。如果萃取成功，香氣就能很好地被引發出來；反之，若萃取情況不理想，香氣就顯得平淡。

❷ 風味

咖啡給人的整體印象，包括酸質、苦味、甜感等味道，以及香氣和口感等等。在溫熱或冷卻時等不同溫度階段，會感受到不同的風味變化，所以，最好多花點時間，用全部五感去品嘗鑑賞。

❸ 餘韻

或譯「餘味」。使用高品質咖啡並成功萃取的話，飲用後會留下令人愉悅的餘韻。但如果咖啡物質沒有完全萃取出來，就會顯得空洞；如果萃取得太多，舌面上就會有粗糙感，並在口中留下苦味或澀味。

❹ 酸質

咖啡是由「咖啡櫻桃」這種水果的種子製成。高品質的咖啡會含有源自果實本身的甜感與美妙的酸質。在比賽中，能否很好地表現出優質酸質是一大重點。

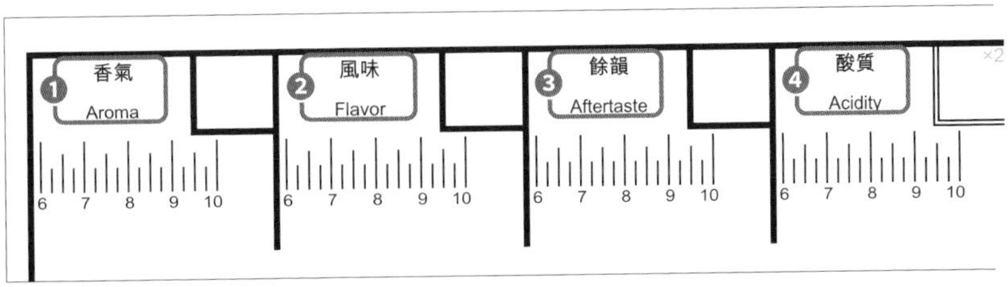

5 口感

或譯「醇度」、「稠度」。咖啡入口時，在口中所產生的質感。評價要點不僅是「輕」或「重」，還包括是否感覺舒適。每種咖啡豆都有自己的特色，但因萃取方法和使用的器具不同，口感上會有很大的差異。

6 平衡感

整體平衡的表現。風味、餘韻、酸質和口感應相互呼應、相互促進。如果其中任何一種表現過於突出，那就會變成一杯整體表現失衡的咖啡。

7 整體評價

整體綜合評價。在比賽中，（感官）評審會就該杯咖啡所帶來的體驗價值，寫下個人評價。

03

我所喜歡的「美味咖啡」

到目前為止，我們已介紹了精品咖啡的特徵，以及JBrC和WBrC評分表。這些都可以作為瞭解「什麼樣的咖啡在咖啡行業會被認為是好咖啡」的參考，不過，每個人的喜好千差萬別。因此，我認為你也應該以此為參考，去尋找自己喜歡的口味。

4：6法是以我所認為的「美味」為目標，而去設定出的沖煮方案。因此，為供參考，且容我向你介紹我最喜歡的咖啡是什麼味道。

首先，它在味道上應該乾淨、爽口。這也是SCAJ定義中的第一點。如果帶有不好的味道，那就難以品嘗咖啡的真正風味了，所以我們會強調咖啡的乾淨度（Clean Cup），這樣才能品嘗到咖啡的風味和特徵。

再來，它應該要有清澈、令人愉悅的餘韻。正如SCAJ的定義和評分表中所說的那樣，我喜歡那種會讓你喝了一口接一口、一杯接一杯的咖啡。這也是我在PHILOCOFFEA所想要提供的咖啡。

最後，是能感覺到酸質與甜感。使用高品質咖啡豆並成功萃取的話，酸質和甜感就能發揮到極致。

一旦瞭解了自己的喜好，有了明確的風味目標，咖啡就會變得更加有趣！

COFFEE KARUTA
ち
ちょっと待ってください！
等等！（這太誇張了吧！）

我喜歡這樣的咖啡

1. 乾淨的風味（Clean Cup）
2. 清澈的、令人愉悅的餘韻（After Taste）
3. 可以同時感受到酸質跟甜感

04

先喝不同烘焙程度來比較

在找尋自己喜愛的咖啡時，我會推薦先從不同烘焙程度的咖啡來開始進行比較。這是因為，烘焙的程度決定了咖啡大方向的味道。

烘焙前的咖啡豆被稱為「生豆」，若直接拿來沖煮，只會有青草味且一點都不美味。直到經過烘焙，才賦予了咖啡獨特的香氣、酸質和甜感。

咖啡開始烘焙時，最先產生的是酸質，因此在淺烘焙時，酸質會更明顯。隨著烘焙時間延長，酸質降低，苦味增加，因此深烘焙的咖啡苦味明顯。介於兩者之間的中烘焙，特徵是酸質和苦味之間有良好平衡。

烘焙程度取決於火候的深淺，通常分為8個階段。

雖然各店家狀況略有不同，但日本的淺烘焙一般可分為：極淺烘焙、肉桂烘焙、中淺烘焙（medium roast）。中烘焙分為：中深烘焙（high roast）、城市烘焙。深烘焙分為：全城市烘焙、法式烘焙與義式烘焙。

不過，烘得太淺的話，會有青草味，烘得太深的話，則會失去酸質，徒留苦味。

因此，日本的精品咖啡店的烘焙度主要會集中在中淺烘焙、中深烘焙與城市烘焙；烘焙程度更深的咖啡，則會用於濃縮咖啡或冰咖啡。

COFFEE KARUTA
つ
つきぬけるうまみ！
直擊的美味！

淺烘焙

烘焙時間短，酸質明顯。可以享受到精品咖啡中源自水果的美妙酸質。由於在淺烘焙下，咖啡豆的特徵不論好壞都會輕易表現出來，所以適合用於高品質咖啡。

中烘焙

烘焙程度介於淺烘焙與深烘焙之間，可以享受良好平衡的酸質和苦味。做為日本許多咖啡店的經典品項，在初訪的店家點中烘焙的咖啡，應該都不會太失望。

深烘焙

烘焙時間較長，苦味較重。有些精品咖啡愛好者是深烘焙反對派，認為這會失去「咖啡的個性」，但我喜歡深烘焙。我認為對瑰夏（見第109頁）進行深烘焙是可行的。咖啡的魅力就在於它的多樣性。

先喝不同烘焙程度來比較

接著，簡要介紹一下烘焙的機制。

將生豆加熱後，咖啡豆中的水分開始蒸發。如果在水分完全蒸發後繼續加熱，咖啡豆的內部壓力會增加並膨脹。當它們無法再承受壓力時，就會爆裂並釋放出氣體，發出「啵啵啵啵」的聲音，這就是所謂的「一爆」，到一爆結束之前，都是淺烘焙。

如果繼續加熱，咖啡豆就會再次發出「啵啵啵啵」的聲音，也就是開始「二爆」。中烘焙會在「二爆」開始之前結束，而在「二爆」開始之後就是深烘焙了。

順帶一提，即使是不含糖的

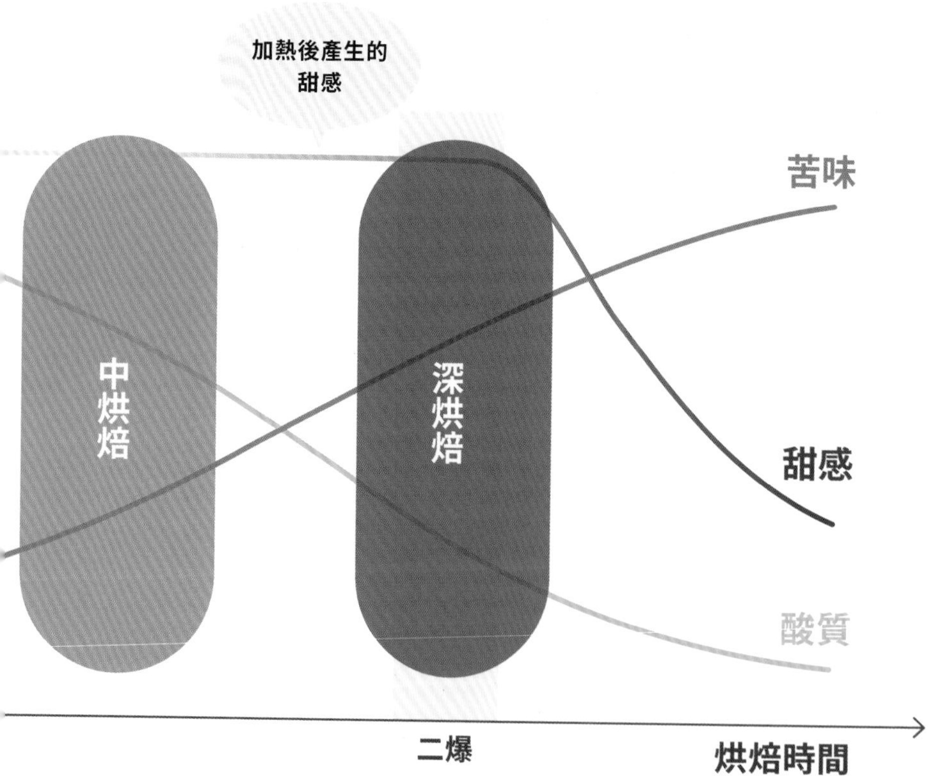

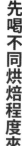

咖啡也有甜感，在淺烘焙的情況下，甜感來自水果（咖啡櫻桃本身）。隨著烘焙的進行，這種甜味會逐漸消失，相對地會產生焦糖化反應。就好像布丁上的焦糖或烤麵包的焦糖化，深烘焙的甜感可視為是加熱產生的甜味。

不同烘焙程度之咖啡風味示意圖

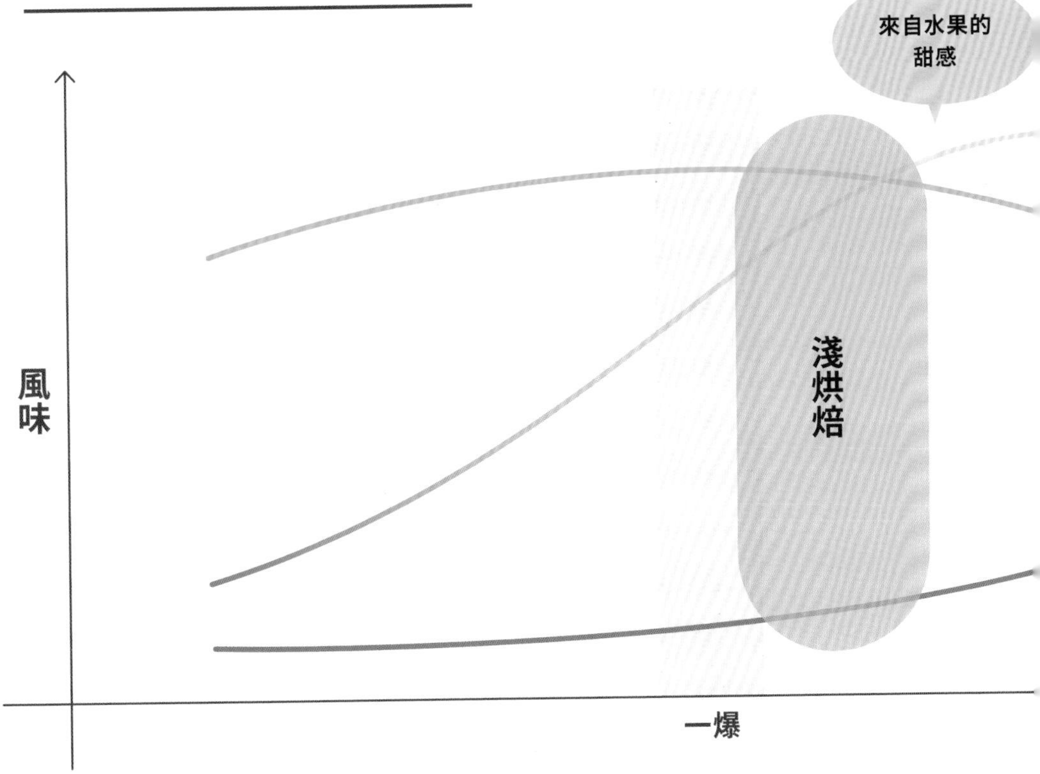

05

左右咖啡印象的關鍵
生豆處理

咖啡豆是咖啡櫻桃的種子，從咖啡櫻桃中去除果肉和種子周圍的部分後，再經過乾燥和脫殼。這一系列工程稱為「生豆處理」（有時也稱為「精製」或「加工」）。根據生豆處理法的不同，咖啡給人的印象也大不相同。

代表性的處理法是「日曬處理法」（Natural）跟「水洗處理法」（Washed）。

日曬處理法是將採收的咖啡櫻桃直接曝露在陽光下，慢慢曬乾，然後脫殼取出咖啡種子。水洗處理法是將果皮去除後，浸泡在水中去除果肉後乾燥。日曬處理法在乾燥過程中會發酵，因而味道較為濃郁。水洗處理法則經過水中浸泡，味道較為乾淨。

其他方法，包括介於日曬法跟水洗法中間的「蜜處理法」（Honey，也稱「去果皮日曬處理」Pulped Natural）、在密封的罐子裡不接觸空氣來發酵咖啡的「厭氧（發酵）處理法」（Anaerobic）。厭氧處理法能產生獨特且複雜的口感，近年來越來越多生產者採用這種方法，也有越來越多的店家開始採用這種處理法的咖啡。

日曬處理法 Natural

收穫的咖啡櫻桃需要經過10天到1個月的乾燥，並使用脫殼機來去除種子周圍的羊皮層（內果皮）以及黏稠的果膠。最傳統的方法是在陽光下自然日曬，但近年來也引入了機器烘乾。乾燥的同時發酵也在進行，從而產生更甜、更濃郁的味道。此外，風味也會變得獨特且鮮明。

若乾燥不足，就會有腐敗變質的風險；但乾燥過頭，品質也會下降。為了生產出好的產品，需要將咖啡擺放在一個寬廣通風的地方，並且需要時常翻動咖啡豆以避免發霉。

水洗處理法 Washed

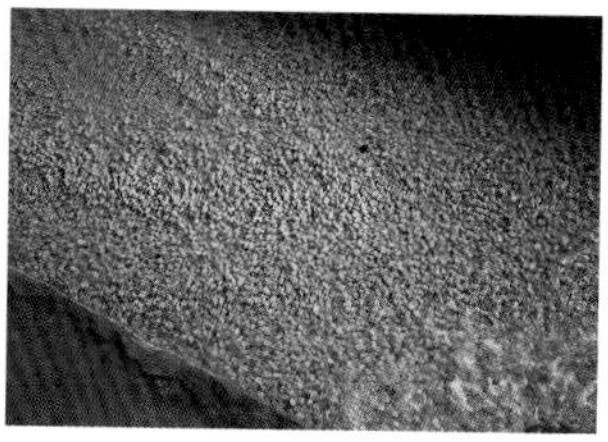

採收下來的咖啡櫻桃會透過「去果皮機」去除果肉。然後在水洗發酵槽中浸泡約1天，使剩餘果肉發酵、分解並去除果膠。浮在水面上的瑕疵豆都會被去除，只有沉下去的豆子才會拿到非洲式棚架上或類似的地方曬乾。
因為經過浸泡，不只味道上乾淨爽口，也更容易辨識出風土或品種本身的特徵。
咖啡豆浸泡在水裡時，必須定期用人力攪拌，以確保發酵均勻。此外，由於需要使用大量的水，附近必須要有河流之類的水源。

咖啡櫻桃採收後，無論採用哪種處理法，先行篩選都很重要。剔除掉未熟果實或過熟的咖啡櫻桃，可確保品質穩定。

蜜處理法 Honey

製作過程類似水洗處理法。差別在於，水洗處理法會將果膠完全分解去除；而在蜜處理法中，會保留一部分來進行乾燥。

依照保留的果膠多寡，依序為「白蜜處理」、「黃蜜處理」、「紅蜜處理」、「黑蜜處理」四個階段。白蜜處理的風味類似水洗處理法，而黑蜜處理則接近日曬處理法的風味。

厭氧處理法 Anaerobic

一種透過厭氧發酵以產生獨特香氣和味道的處理法。發酵是在細菌的作用下進行的，在有氧環境下發酵的是好氧菌，在無氧環境下發酵的是厭氧菌。

厭氧處理法是將收成的咖啡櫻桃放在密封的罐中進行厭氧發酵。此時，向罐中注入二氧化碳的做法稱為二氧化碳浸漬（Carbonic Maceration）。

乾燥和去殼等步驟與其他生豆處理法相同。

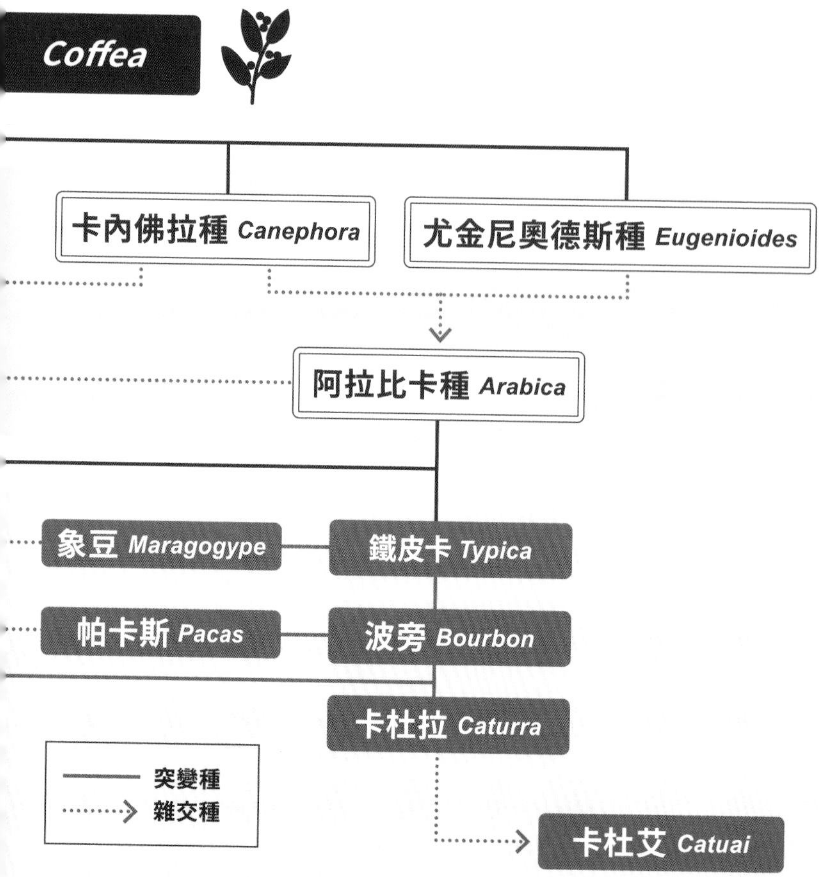

06

品種

事先了解的話就是咖啡通？

就好像葡萄酒，用卡本內蘇維濃（Cabernet Sauvignon）、梅洛（Merlot）等不同品種的葡萄來釀造，會產生不同風味。咖啡同樣也有很多品種，每一種也都有自己的風味特性。

咖啡櫻桃生長在一種「咖啡屬」的常綠植物上。雖然已知有一百多種以上的咖啡屬植物，但用於飲用的主要栽培品種是阿拉比卡種（Arabica）和卡內佛拉種（Canephora，也稱羅布斯塔種〔Robusta〕）。

阿拉比卡種具有良好的酸質

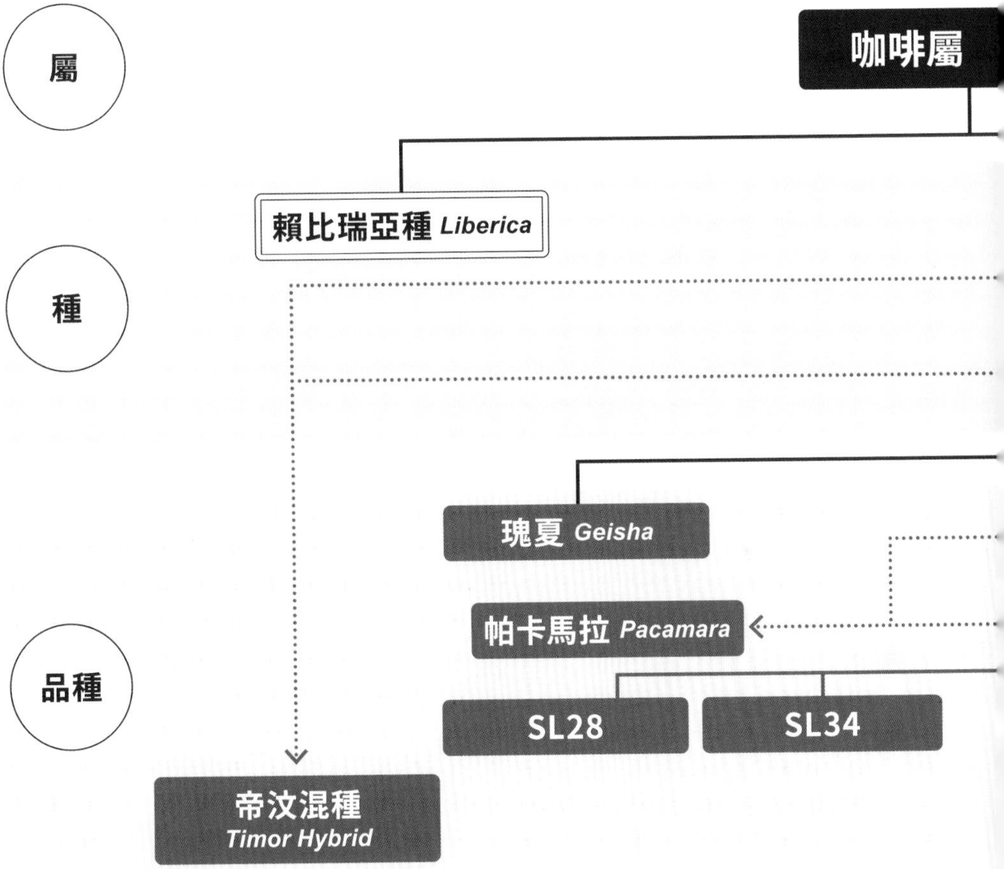

和風味，精品咖啡基本上都是阿拉比卡種。

卡內佛拉種的酸質較低且苦味較重，主要用來製作罐裝咖啡和即溶咖啡。不過它抗病蟲性強，容易種植。

尤金尼奧德斯種（Eugenioides）是最初的咖啡品種，阿拉比卡種則是尤金尼奧德斯種和卡內佛拉種的自然雜交種。賴比瑞亞種（Liberica）在西非（包括賴比瑞亞）種植居多，但比較少在市場上流通。

咖啡的品種非常多，都是透過突變和雜交產生出新品種。雜交又分兩種：自然雜交和人工育種。下一頁會介紹具代表性或有特色的品種。

鐵皮卡

一種接近原始阿拉比卡種的品種，具有清爽的甜感和酸質。目前市面上流通的許多品種都源自鐵皮卡。該品種易受病蟲害影響，需要較多的生產勞動力，但風味好。據說純正的100%鐵皮卡如今已幾乎不存在了。

波旁

據說是鐵皮卡的突變種，甜感濃郁，風味也很好。最初從葉門移植到印度洋的波旁島（現在的留尼旺島），因而得名。還有一些衍生品種，如「黃波旁」，就有比較多的國家有在種植生產。

卡杜拉

波旁的突變種，有著令人愉悅的甜感。發現於巴西。樹的高度低、枝條多，很容易適應環境。產量穩定，所以在許多地區都有種植，尤其以哥斯大黎加和瓜地馬拉為主。

卡杜艾

卡杜拉和新世界種（Mundo Novo，波旁和蘇門答臘種的自然雜交種）的人工雜交種，在巴西被培育出來。口感清淡。可在惡劣的氣候條件下生長，產量高，因此許多地區都有種植，以巴西和中美洲等國家居多。

尤金尼奧德斯

阿拉比卡種之母。幾乎沒有酸質，但是有較強的甜感，具有不同於阿拉比卡種的獨特風味。哥倫比亞有種植，但極難取得，常被稱為「夢幻品種」。

瑰夏（藝妓）

衣索比亞原生種之一。有著細膩、複雜的風味。起源於衣索比亞的瑰夏村，在衣索比亞和巴拿馬均有種植。近年來越來越受歡迎，價格也越來越高，生產國和種植莊園的數量也在增加。

帕卡馬拉

帕卡斯（Pacas，波旁的突變種）和象豆（Maragogype，鐵皮卡的突變種）的人工雜交種，誕生於薩爾瓦多。有熱帶水果風味，口感舒服。顆粒非常大。產地以薩爾瓦多為主。

SL28・SL34

波旁的突變種。名稱源於「史考特農業研究所」（Scott Agricultural Laboratories），在肯亞還是英國殖民地的年代，該品種就是在這個研究所被發現的。特徵是有著類似覆盆子或黑醋栗的酸質。產地以肯亞為主。

帝汶混種

阿拉比卡種和卡內佛拉種的雜交種。易於種植、產量高，風味也還可以。最近透過品種改良，咖啡的風味得到了改善，源自它的「魯依魯11」（Ruiru 11）和「卡斯提優」（Castillo）等品種都已可在咖啡店喝到。

07

生產國 是風味也是特徵

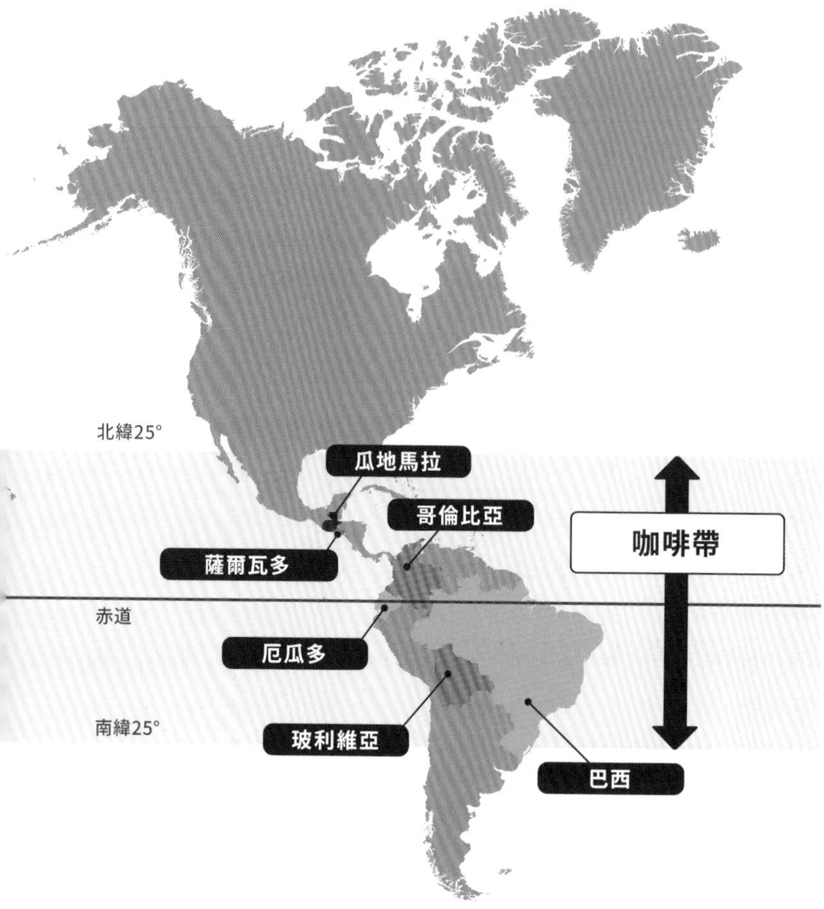

目前，日本國內生產的咖啡很罕見，大部分是仰賴進口，這是因為種植咖啡樹需要在氣候適宜的地方。

理想的種植條件，是平均氣溫約為20～25攝氏度、有適度的日照時間、有雨季且晝夜溫差大的高海拔地區。符合這些條件的地區，集中在赤道線兩旁的北緯25度～南緯25度之間，這一區域稱為「咖啡帶」（Coffee Belt）。

咖啡帶中最具代表性的產地是中美洲、南美洲和非洲。此外，印尼也是主要生產國，每個地區

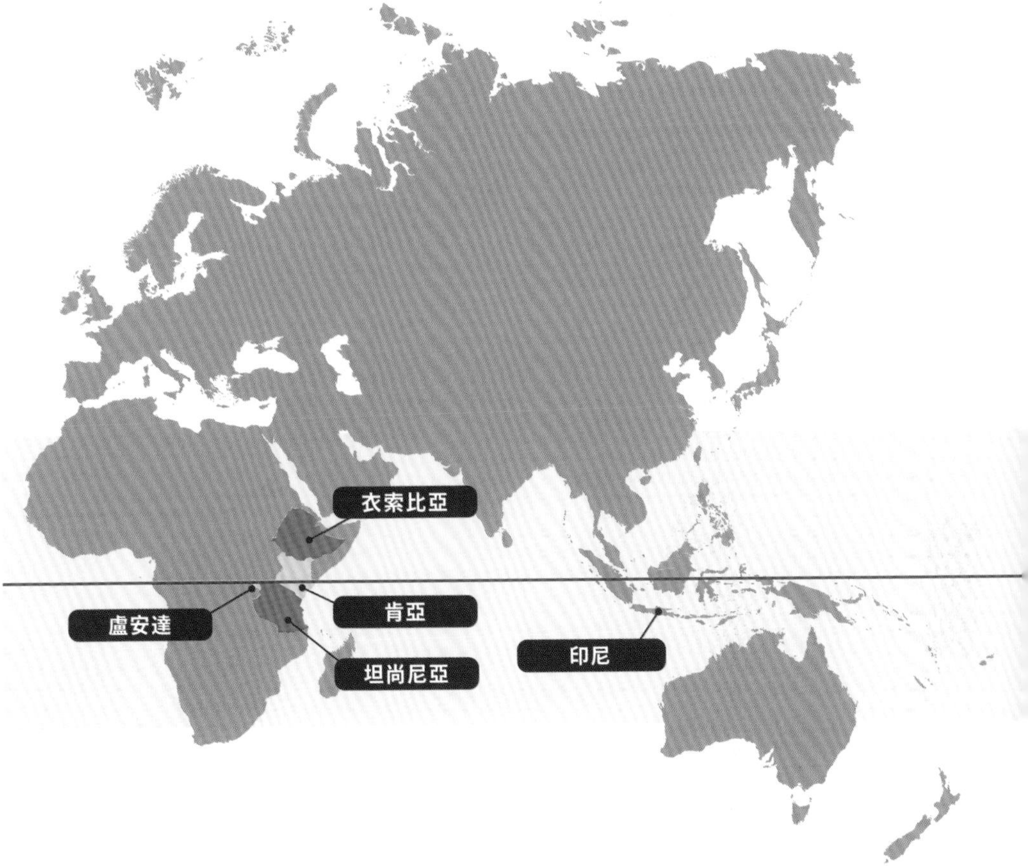

和國家都有自己的特色。

不過近年來，由於各產區和生產者的努力以及技術的進步，莊園的獨特性比起產地和國家之間的差異更加突出。如同前面所介紹的，咖啡的品質會因種植的品種，以及使用的生豆處理法而有所改變。

下一頁會介紹主要的產區和國家，但僅供參考，還是建議將重點放在莊園和生產者本身會比較好。

中美洲

在酸質、甜感、風味和醇厚度方面具有極佳的整體平衡，大多喝來順口。

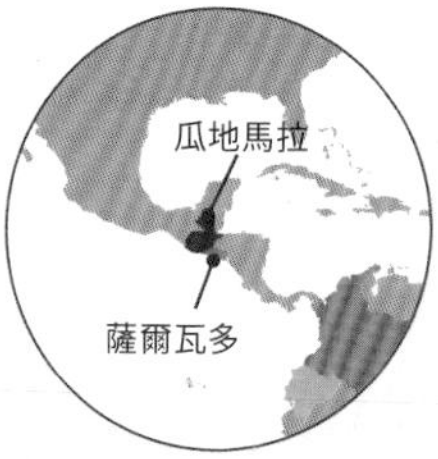

瓜地馬拉

國土大部分地區的土壤都適宜栽種，可以生產出酸甜平衡的咖啡。該國依據種植地的海拔高度劃分等級，最高級的「極硬豆」（Strictly Hard Bean, SHB），種植在海拔1400公尺以上的地方。

薩爾瓦多

除了誕生於薩爾瓦多、廣受歡迎的帕卡馬拉外，還種植了波旁和帕卡斯跟其他品種。不管哪一種都口感甘甜，品質穩定。薩爾瓦多只生產阿拉比卡。政府正透過鼓勵農民對咖啡豆進行品質控管和在國外廣告宣傳來促進出口。

南美洲

集結眾多咖啡產區，包括世界上最大的咖啡生產國巴西。這裡的咖啡種類繁多，但總的來說，酸質和苦味平衡得很好。

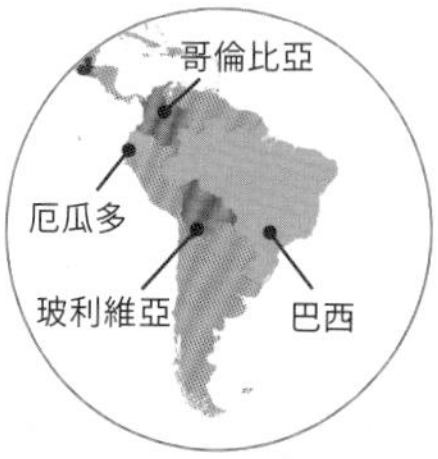

巴西

世界上最大的咖啡生產國，也是日本最大的咖啡進口國。阿拉比卡種與卡內佛拉種均有種植。這裡有使用機械化的大型莊園，也有使用傳統方法、講究品質的小型莊園。整體的海拔較低，很難形成酸質，風味表現以巧克力一類為主。

哥倫比亞

南北橫跨安地斯山脈，雖然海拔和氣候適合種植，但山坡陡峭，難以擴大莊園種植面積。該國主要種植高品質咖啡，並以阿拉比卡種為主。咖啡大多具有酸質且風味乾淨。

厄瓜多

卡內佛拉種曾是這裡的主流品種。然而與鄰國哥倫比亞一樣，由於受到安地斯山脈的影響，這裡的土壤和氣候也適合種植咖啡，且海拔夠高。近年來，種植高品質精品咖啡的莊園與農民數量有所增加，有巨大發展潛力。

玻利維亞

家族經營型的小規模農民居多，國家整體總產量較低。不過與厄瓜多一樣，玻利維亞的土地非常適合種植咖啡，越來越多農民在生產、出口美妙的咖啡。就我個人而言喜愛度排名第一，每年都會採購。

非洲

衣索比亞和肯亞等許多國家海拔較高，容易生產出令人印象深刻的酸質和風味。

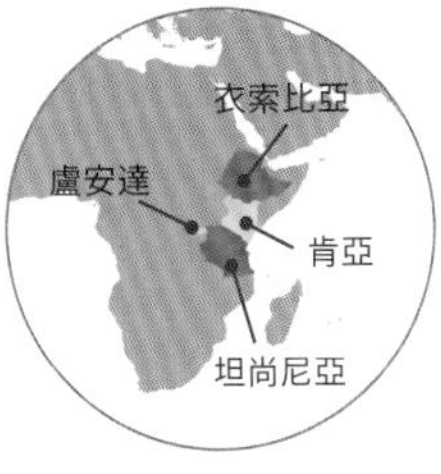
衣索比亞
盧安達
肯亞
坦尚尼亞

衣索比亞

被認為是咖啡的發源地。直至今日，仍有許多野生的咖啡樹與品種，那些未經鑑定的品種被稱作「衣索比亞原生種」（Heirloom，或古優原生種）等名稱。許多衣索比亞咖啡酸質優美、風味醇厚。該國根據瑕疵豆的數量對咖啡進行分級，最高級別為「G1」。

肯亞

雖然種植咖啡起步較晚，但生產者之間相互幫助並一起努力，生產出了酸質和風味俱佳的優質咖啡。肯亞按咖啡豆的大小劃分等級，最高等級為「AA」（約6.8～7.2公釐）。

坦尚尼亞

以「吉力馬札羅咖啡」聞名，但並沒有所謂吉力馬札羅的咖啡品種或標準。吉力馬札羅只是坦尚尼亞一座山的名字，也是坦尚尼亞咖啡的品牌名稱。以帶有酸質的咖啡為主。

盧安達

雖然整體產量不是很高，但該國致力於出口高品質咖啡，也是國際上評價日益提高的產區之一。出口爽口酸質、果香濃郁的咖啡。

印尼

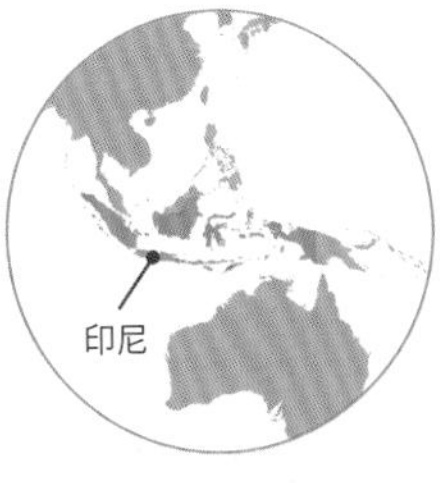
印尼

世界五大咖啡生產國之一，也是亞洲第二大咖啡產區，僅次於世界第二大咖啡生產國越南。所產咖啡大部分是卡內佛拉種，但近年來高品質的阿拉比卡種數量也在不斷增加。由於降雨量大，這裡發明了蘇門答臘獨特的生豆處理法「溼刨法」（Wet-Hulled），即直接將生豆去殼取出後乾燥。

COFFEE KARUTA
と
とんでもない
お味！
令人難以置信的
味道！

08 鍛鍊味覺也很重要

到目前為止，已介紹了咖啡各式各樣的特徵。不過，可能也有些人會說：「我品嘗過各式各樣的咖啡，但真的分辨不出有什麼不一樣啊。」

我以前也是這樣。無論喝什麼，我都只是覺得「好好喝喔」，卻分辨不出區別在哪裡。

我之所以可以成為現在這種「能分辨不同風味的男人」（笑），是因為我有意識地嘗試去品嘗咖啡，並反覆嘗試用語言來描述咖啡的味道和風味。

感知味道和風味的差異是相當困難的。並不是每個人都能做到這一點。而要想嘗出不同的味道，就必須訓練自己的味覺。

我是在COFFEE FACTORY當學徒期間訓練出自己的味覺。我和老闆及員工們日復一日，一起「杯測」（Cupping，見第120頁），對咖啡風味進行品鑑工作，同時比較10杯或20杯的咖啡。還不是只有喝各種不同咖啡而已，也必須品嘗並記住咖啡以外的各種食物滋味。隨著時間過去，我的感官逐漸變得敏銳起來。

在喝咖啡的同時，我建議大家嘗試用語言表達自己的感受。一開始，能粗略描述「我感覺到一種淡淡的酸質」或「有一種堅果般的苦味」就OK了。下一節將介紹如何將風味轉化為語言的重點。

當然，用評分表對咖啡進行實際評分也是一個好主意。除了前面介紹的JBrC和WBrC評分表外，還有如SCAJ杯測表格等等各種形式，所以你可以選一種你覺得用起來比較輕鬆的格式，來幫助你的學習。

被這麼說會讓我沮喪的「な行」

COFFEE KARUTA

な

なんでもいいですー

什麼都行啦～

COFFEE KARUTA

ぬ

ぬるい！

溫溫的！

COFFEE KARUTA

に

苦みしか感じないっす

我只喝得到苦味

COFFEE KARUTA

ね

ネガティブな味ですね

有種不好的味道呢

COFFEE KARUTA

の

のっぺりした味わい

味道單調

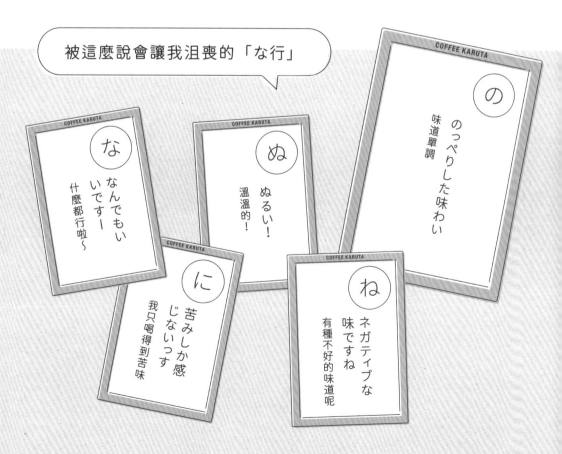

09

咖啡風味的表現

風味輪

「風味」（flavor）是指食物或飲料給人的整體印象，如口感、香氣或味道等。咖啡師和烘豆師會用「風味」來描述咖啡的味道。這樣一來，即使你還沒有真正品嘗過，也能依據風味描述，來想像它「是這樣的味道啊」。

一般來說，風味會拿許多人熟悉的食物做例子。將咖啡的各種風味整合總結，於是就有了「風味輪」。這是由精品咖啡協會（Specialty Coffee Association，SCA）和世界咖啡研究組織（World Coffee Research，WCR）共同開發，有英語、日語和法語等多種版本。

要想描述咖啡的風味，可以從中心的圓開始參考。大方向上，能感受到酸質的話，就是「水果」；感受到苦味的話，就是「堅果／可可」。

接下來，如果是淺烘焙的咖啡、水果味比較強烈的話，則應試著注意它是偏紅色的「莓果類」，還是黃色或橘色的「柑橘類」。將顏色形象化，可能會更容易分辨。若是深烘焙的情況，則建議思考看看是更偏「可可類」還是「堅果類」。

當味覺訓練到一定程度，就可以更加細分，比如參考最外圈的「草莓」或「葡萄柚」等等，你能辨別的味道越多，就越能享受分辨風味的過程。此外，風味不會只有一種，一款咖啡記錄有多種風味的情況也很常見。

精品咖啡店通常會用風味來介紹咖啡豆的特色，因此在點選飲品或購買咖啡豆時，可將風味描述作為參考。

SCA 咖啡杯測風味輪

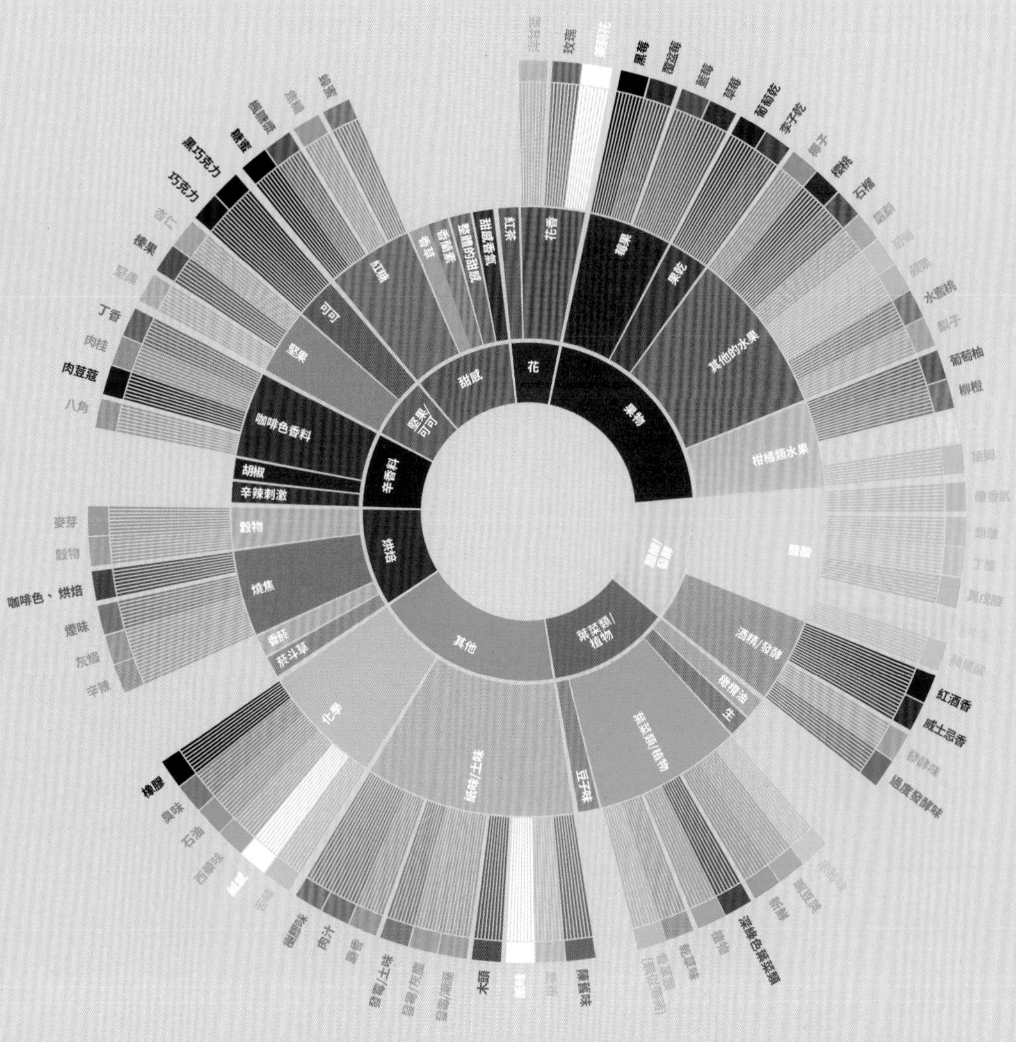

〈咖啡杯測風味輪〉是由世界咖啡研究所開發，基於《咖啡感官辭典》製作。
免責聲明：此風味輪是經英文翻譯而來，與中文字詞含意可能略有差異。
請參考《咖啡感官辭典》（*WORLD COFFEE RESEARCH SENNORY LEXICON*）的原文描述。

10

咖啡的品鑑方法

杯測

杯測，是品鑑咖啡所具風味與特徵的行為，也是咖啡專業人士不可或缺的技能。

品鑑的方式是將熱水倒在咖啡粉上，萃取出咖啡全部的物質。這做法類似法式濾壓壺。

接著，用杯測匙把咖啡液帶入口中品嘗。在品嘗時，用力啜吸咖啡液，讓咖啡如霧狀般在口中擴散，這樣更容易感受到咖啡的味道、香氣和風味等等。

透過杯測的結果，咖啡師就能知道該如何萃取，烘豆師也會據此決定如何烘焙。

買家們也會透過杯測來決定他們要採購的咖啡豆。包括巴西和衣索比亞在內的許多咖啡生產國所舉辦的「卓越杯」（Cup of Excellence，COE）比賽中，也會透過杯測來對咖啡的品質進行評分。參賽咖啡按照滿分100分制進行評估，86分以上即獲獎並得到排名。

獲獎者將在網上公開競標。世界各地的咖啡業者都會參與，PHILOCOFFEA有時也會得標。

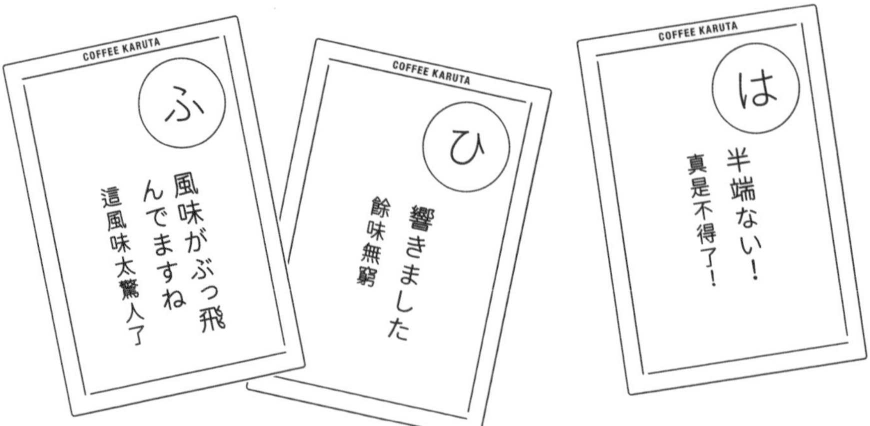
COFFEE KARUTA
は
半端ない！
真是不得了！
COFFEE KARUTA
ひ
響きました
餘味無窮
COFFEE KARUTA
ふ
風味がぶっ飛んでますね
這風味太驚人了

杯測的步驟

1 放置咖啡粉，倒入熱水。

研磨咖啡粉並將粉倒入杯測碗中。確認香氣後，一口氣倒入熱水。

2 香氣品鑑

倒入熱水後也要確認香氣。此時的香氣稱為「溼香」，而倒入熱水前的咖啡粉香氣稱為「乾香」。

3 破渣

用杯測匙攪拌咖啡粉跟熱水，使其均勻。此時也要確認香氣。

4 撈渣

用湯匙小心地去除浮在杯子表面的浮渣。

5 舀出咖啡液

用杯測匙舀出咖啡液。自從COVID-19疫情發生後，開始會用兩隻杯測匙來進行。

6 入口品鑑

將咖啡液吸入口中，確認咖啡整體的香氣、口感和味道等等。

11 試著品鑑一下咖啡吧

現在，讓我們來對咖啡實際評分看看吧。雖然有各式各樣的評分表，但以下會參考SCAJ和COE使用的杯測表來做介紹。

評分項目與第94頁JBrC和WBrC的評分表幾乎相同：SCAJ從「風味」開始，COE從「乾淨度」開始，共8個項目，均採單項滿分8分制來評分；分數級距為0.5分遞增，加上基礎分36分，合計滿分為100分。

每個項目平均分為6分，如果覺得咖啡「極好」就加分，覺得「不好」就扣分。在COE評

SCAJ的杯測表格

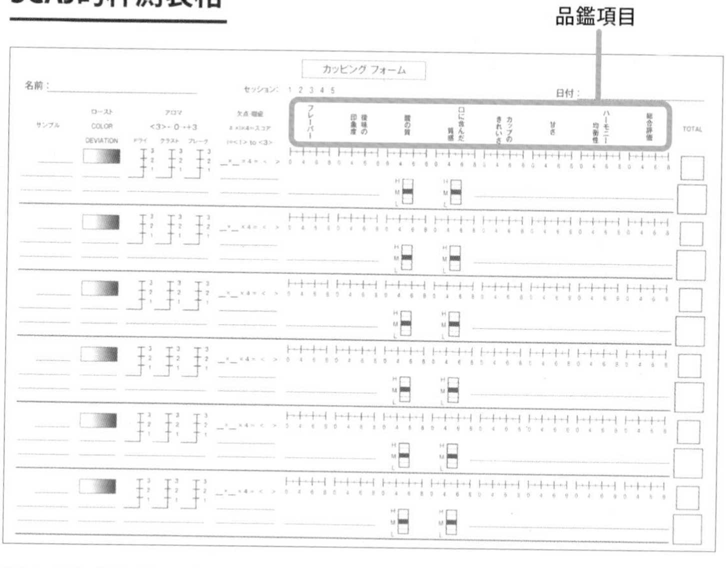

SCAJ的杯測表格。品鑑項目由左到右依序是：風味、餘韻、酸質、口感、乾淨度、甜感、平衡感、整體評價。

分86分以上即可獲獎，90分以上的幾乎很罕見。

雖然不會反映在評分表中，但是需要記錄咖啡的特徵，包含在乾香、溼香和破渣階段的香氣，並記錄下任何覺得有「缺點．瑕疵」的部分。

即使一開始比較困難，但只要持續去做，就一定會越來越熟練的！

COE的評分表

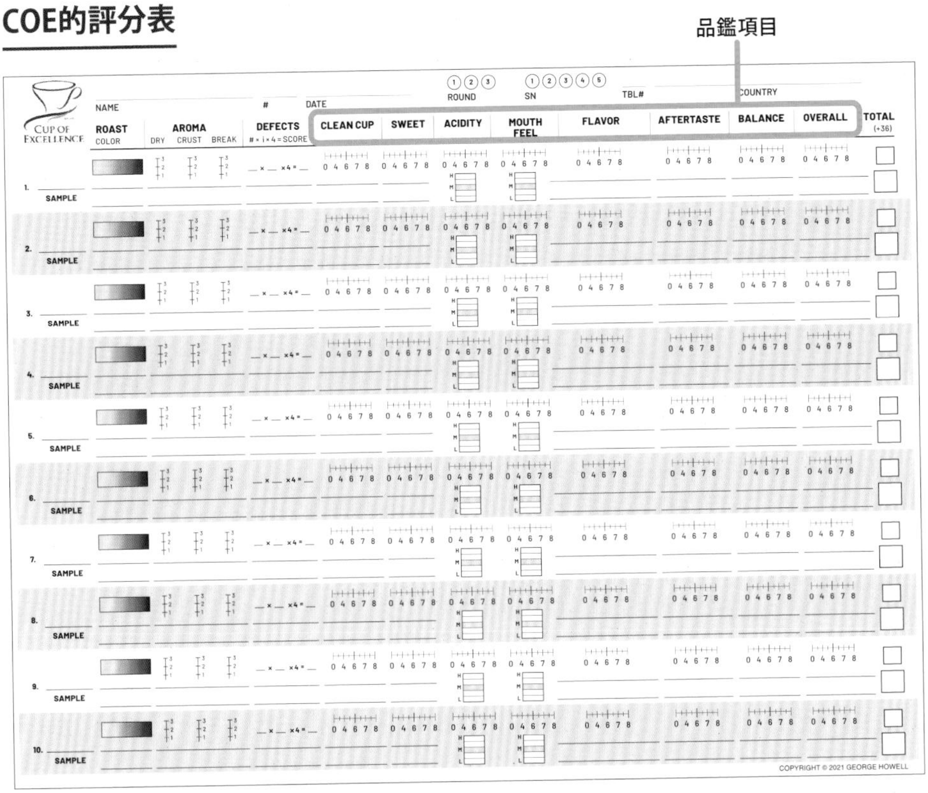

COE杯測表格。品鑑項目由左到右依序是：乾淨度、甜度、酸質、口感、風味、餘韻、平衡感、整體評價。

為提供參考，以下用我填寫的COE杯測表格（❶）以及JBrC和WBrC評分表（❷）做為範例。當然，你也可以使用其他表格。由於我總是用英語填寫，所以這裡提供的是英語版，但不論你用英語、日語都沒問題。

主要有3個重點。首先，有意識地試著接受各種味道，並把你感受到的不論什麼都寫下來。例如就風味來說，圖❶是「水蜜桃、鳳梨、蜂蜜」等，圖❷有「麝香葡萄、綜合莓果」等，像這樣寫下複數內容。

由於咖啡從熱到涼的過程中，給人的印象會改變，多花點時間

❶

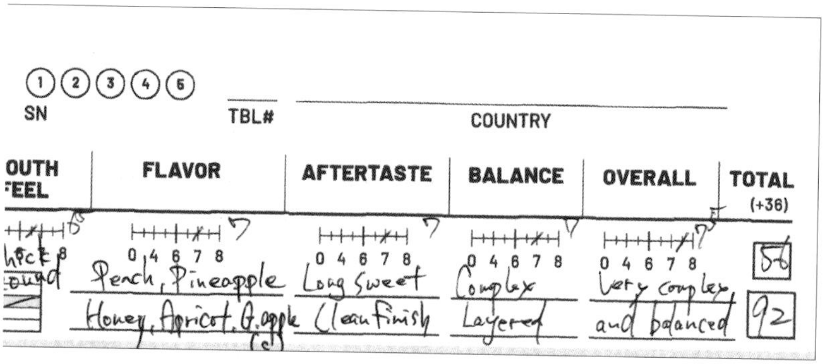

❷

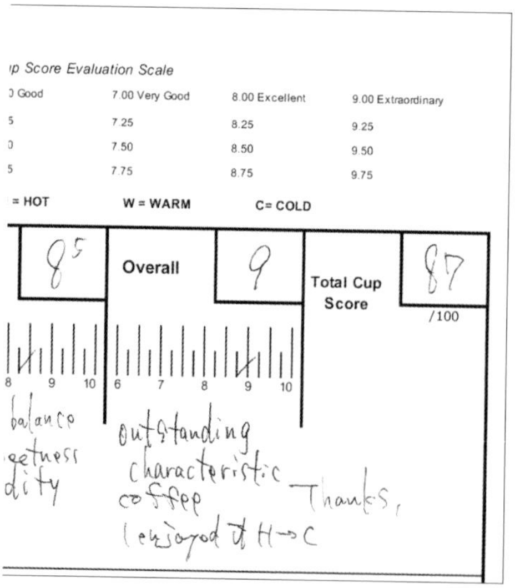

來品嘗和評分是非常重要的。圖❶❷中 Flavor 一欄寫的「(C)」、圖❷ Aftertaste 一欄中的「as it cool」跟 Body 一欄的「when cools」都是用以標示咖啡低溫時的印象。

此外，評分時並非單純評估該項的強弱程度而已，將品質與複雜性也考慮進去，是非常重要的。甜感和酸質強烈的咖啡很容易讓人想打高分，但還是得留意去感受其品質和複雜性。

順帶一提，圖❷的滿分是100分，雖然只有7個項目，但酸質、口感和平衡感這3個項目是2倍分數，單項的滿分變成20分。這3個分數會因萃取技術的差異而有所變化，所以在世界大賽上會特別重視這3個項目。

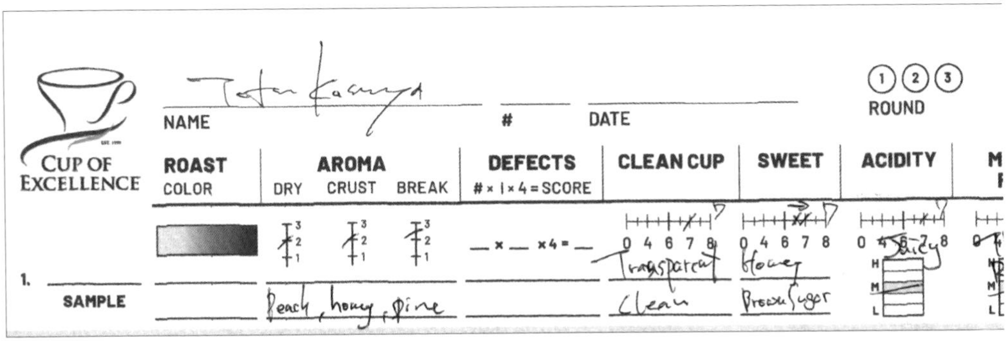

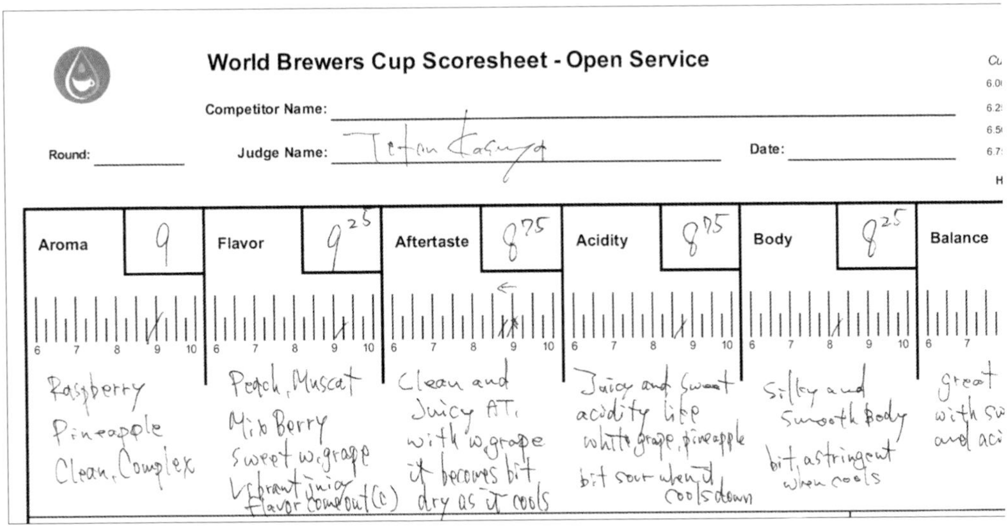

在產地感受到的事

我第一次去產地是在2014年3月，就在我成為咖啡師的大概半年後。當時，COFFEE FACTORY的老闆他們，要跟著一家咖啡貿易公司去一趟採購之旅，於是我提出申請：「我想自費參加，可以帶我一起去嗎？」

我去了瓜地馬拉和宏都拉斯，瞭解到當地人生產咖啡的艱辛。例如，咖啡櫻桃採收下來後，他們要把30～40公斤的咖啡櫻桃裝袋，一天要來回跑好幾趟。我也試著背過，真的很重很重……。

即便如此，他們的日薪有時也只有1千日幣（約200元新臺幣）左右。咖啡櫻桃的收購價格是由重量決定，我想在某些方面，有時會混入未成熟的咖啡櫻桃也是沒辦法的事。

透過去產區瞭解第一線的情況，我強烈地感受到「咖啡賣得太便宜了」、「我們需要更多地去宣傳產區的實際情況和咖啡的魅力」。

獨立開店後，我定期去產區，也有些莊園開始和我做生意。我不希望自己「年分好時才收購，年分不好就不採買」。可由於我們能處理的豆子數量無法輕易增加，採購時都必須做好覺悟，所以會希望與「我每年都願意採購一定數量」的對象，建立合作關係。

因此，與PHILOCOFFEA合作的咖啡生產者，都是跟我們合作愉快、且對於「想要製作一杯美味的咖啡」充滿熱情的人。

2019年，我們啟動了「友達（朋友）計畫」（友達プロジェクト／TOMODACHI Project）。這是連接生產者和消費者的一次嘗試。我們從衣索比亞的小規模莊園開始，後來增加到4個國家，包括肯亞、哥斯大黎加和厄瓜多。他們都是優質咖啡豆的生產者，與我們有著共同的目標，去追求更好的生豆處理法，以生產出世界上最好喝的咖啡。

每當聽到消費者說「今年的『朋友』，和去年的哪裡不一樣耶」的時候，我們都會很高興，並希望與他們建立長久的關係。事實上，每年都有越來越多的人購買友達計畫的咖啡，我們也希望能持續擴大這個計劃。

Chapter 4

調整 4:6 法參數，讓咖啡更合你的口味

01

沖煮參數7要素

在第1章裡，已介紹了4：6法的基礎知識。在本章中，我們將介紹在調整萃取參數的時候，需要注意些什麼、要如何讓它往我們想要的方向前進。

在萃取參數中，有7個主要因素會影響萃取效率、濃度與口感。分別是：研磨度、水溫、濾杯內的流速、攪拌、萃取時間、粉量與水量。

對萃取效率影響較大的因素是研磨度、水溫、濾杯內流速與攪拌。對濃度感影響較大的因素是萃取時間、粉量與水量。

「濾杯內的流速」和「攪拌」可能比較難確認。濾杯內的流速很大程度上取決於濾杯的形狀（見第63頁），也取決於注水的方式。這點在萃取過程中可以進行調整，所以一旦掌握了它，可選的變化就會明顯增加。攪拌是促進水與咖啡粉接觸的動作，可以透過強力注水、搖晃濾杯或用湯匙攪動咖啡粉來實現。

透過調整這7個要素並將它們組合起來，你就可以創造出無限多的沖煮方案。

但是，如果同時改變多種要素，就很難分辨出是哪個要素改變了口味。由於研磨度對味道的影響最大（見第78頁），建議要調整時，優先考慮研磨度。

例如，如果你想要「讓咖啡更甜」、「讓咖啡更濃」，可以透過使用更細的研磨度和提高水溫來增加萃取效率。但是，如果調整後覺得口感太濃，則可以透過改變注水方式、降低濾杯內流速或縮短萃取時間，來解決這個問題。

沖煮參數的7要素

低	萃取效率	高
粗	研磨度	細
低	水溫	高
弱	濾杯內的流速	強
少	攪拌	多

清爽	濃度感	濃郁
短	萃取時間	長
少	粉量	多
多	水量	少

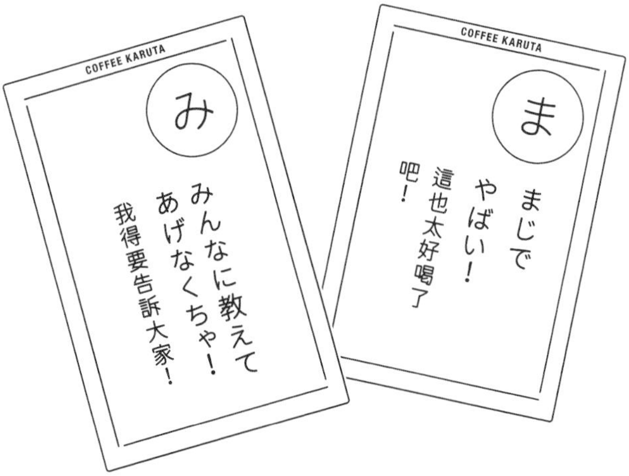

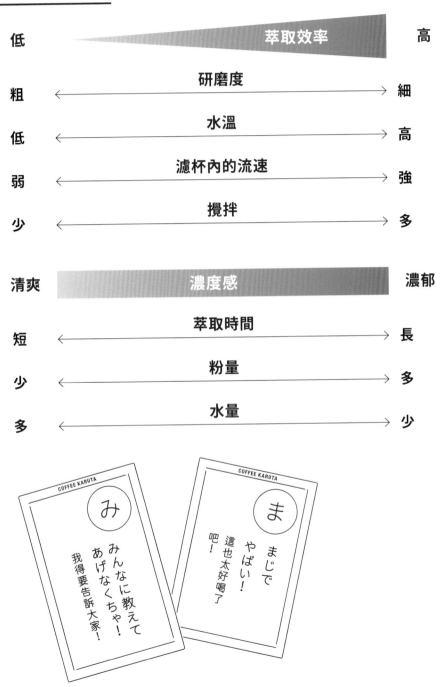

02

為什麼不同店家或書籍有不同的沖煮參數？

你是否曾經因為不同店家、不同書裡有著不同的沖煮參數，而感到迷惑、煩惱呢？我剛開始沖咖啡的時候，就多次因此感到困惑和煩惱。

不過，當我把焦點放在「萃取效率」上時，我就豁然開朗了。

正如前頁所述，改變7要素就會改變萃取效率。即使是以相似的口味為目標，參數設計上也可以有多種不同的可能。另外，設計參數的人所追求或偏好的口味有所不同的情況也是有的。

因此，並不是說這樣做就是對的、那樣做就是錯的，而是接受「有這樣的思維方式」、「也有這樣的方法啊」，進而做出選擇並改進自己的參數，我覺得這樣比較理想。

我認為咖啡的萃取，大致上如下圖所示。這是我在贏得JBrC冠軍那年，在決賽展演中使用的示意圖。

當你開始萃取咖啡時，一些美味的物質會被萃取出來，但過程中也會得到不那麼美味的物質。我們的目標是「適當萃取」，即只萃取出美味的物質。依照這

咖啡萃取示意圖

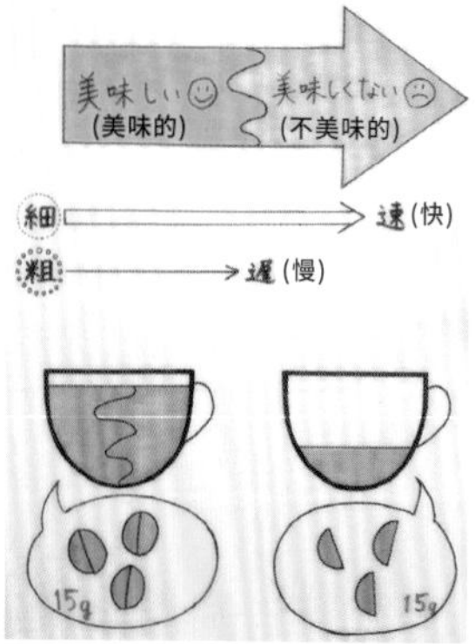

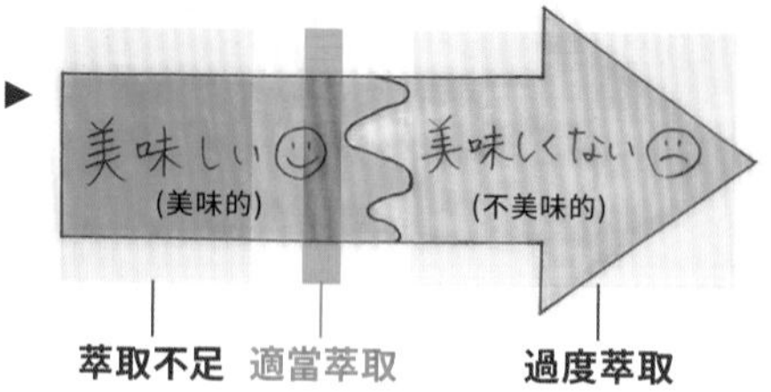

手沖的重點就在於將美味物質充分萃取出來。然而，這很難做到。萃取不足會導致酸質相對其他物質過於突出，而過度萃取又會帶出負面物質。

樣的想法，去設計沖煮參數和展演的內容。

插圖上也顯示，萃取效率會因研磨方式而有所變化，並且，不美味的物質出現的速度，也會有變化。

細研磨的萃取效率更高，在萃取的最後階段，就更容易出現負面物質；而如果採用粗研磨，在多數情況下，可以在負面物質出現前就完成萃取。這就是我強烈推薦「粗研磨」的原因。

我也建議根據所用咖啡豆的類型和狀況調整參數。優質和劣質的咖啡豆，美味和不美味的物質比例也有所不同。對於可直接飲用的和已經變質的咖啡豆，這點同樣適用。

影響萃取效率的要素

1. 研磨度
2. 水溫
3. 萃取時間
4. 濾杯流速
5. 攪拌
6. 粉量
7. 水量

要素間的組合（參數）
沒有正確或錯誤答案！

1 改變注水量——第1、2次注水

4:6法的基本參數

粉量：20g　水量：300g　粗研磨

時間	注水次數	單次注水量	總注水量（磅秤顯示重量）	
Start	第1次注水	60g	60g	4
0:45	第2次注水	60g	120g	
1:30	第3次注水	60g	180g	6
2:10	第4次注水	60g	240g	
2:40	第5次注水	60g	300g	
3:30	Finish	取走濾杯		

第1次注水　50g
第2次注水　70g
變得更甜

第1次注水　70g
第2次注水　50g
變得更明亮

作為參數安排的參考，以下是我所想出的4個4：6法調整範例。

首先，調整第1次和第2次注水的水量。粗略地說，一開始出來的是酸質，然後甜感接著出來。因此，改變前2次注水的水量，也會改變酸質和甜感的量。

「第1次注水70g＋第2次注水50g」的方法，比起原始參數能帶來更多的酸質、口感更為明亮。「第1次注水50g＋第2次注水70g」則會帶來更多甜感。

接著是在4：6法的基礎上

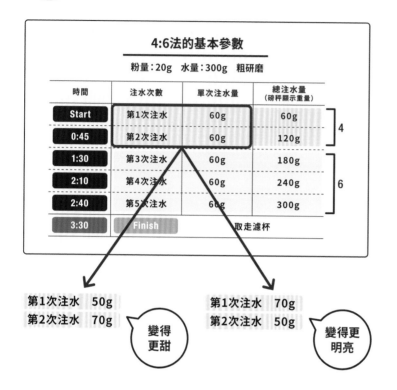

2 改變注水量——5次全調整

4:6法的基本參數

粉量：20g　水量：300g　粗研磨

時間	注水次數	單次注水量	總注水量（磅秤顯示重量）	
Start	第1次注水	60g	60g	4
0:45	第2次注水	60g	120g	
1:30	第3次注水	60g	180g	6
2:10	第4次注水	60g	240g	
2:40	第5次注水	60g	300g	
3:30	Finish	取走濾杯		

設計出的「3分法」。這種萃取方法能很好地萃取出平衡的酸質和甜感。

第1次注水用原始量的一半，30g，來進行悶蒸；第2次注水為70g，進一步悶蒸，同時進行萃取。這樣在第3次注水時更容易萃取出風味，因此要強力注入100g水，把味道一口氣萃取出來。

剩下的就是平衡調整了。將原始參數的注水量略減，最後2次都為50g，這樣跟原始方法比起來，濃度感會稍微減弱，從而得到整體平衡性良好的咖啡。

只需改變每次的注水量，就能調整咖啡風味的主體——酸質和甜感。

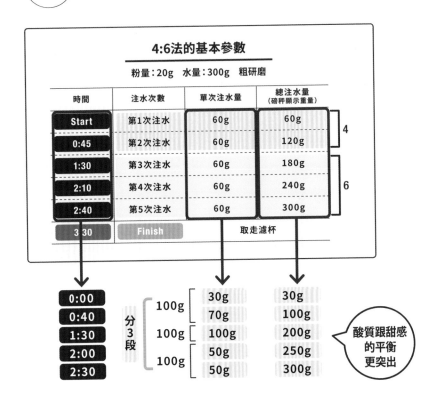

3 改變注水次數——3次、4次

4:6法的基本參數

粉量：20g　水量：300g　粗研磨

時間	注水次數	單次注水量	總注水量（磅秤顯示重量）	
Start	第1次注水	60g	60g	4
0:45	第2次注水	60g	120g	
1:30	第3次注水	60g	180g	6
2:10	第4次注水	60g	240g	
2:40	第5次注水	60g	300g	
3:30	Finish	取走濾杯		

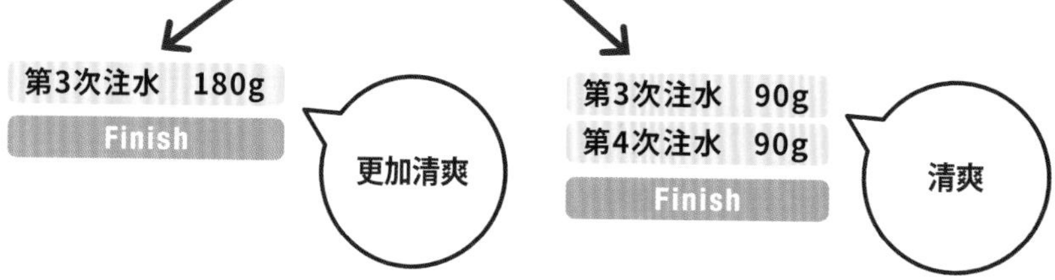

原始的4：6法需要5次注水，但也是有改變注水次數的方法，比如4注或3注。

如果後半的6成水量不是分3次60g，而是改成2次90g，那麼比起原始方法，濃度感會降低，口感較溫和；如果改為1次180g，濃度感就更低，口感也更加溫和。

如果覺得溫和過頭，「想讓濃度更高一些」，可以透過其他方法提高萃取效率，比如稍微提高水溫，或者注水後搖晃濾杯加以攪拌。

最後一種方法超簡單：只需注水1次即可的「1注到底」法。

只要一口氣倒入所有熱水即

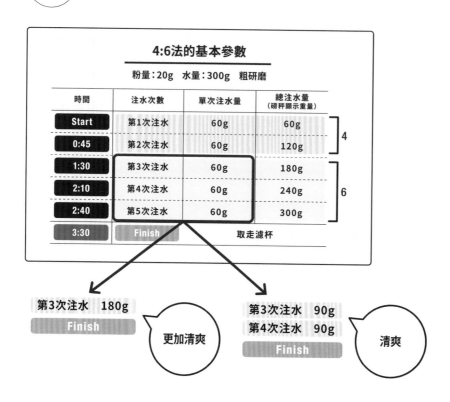

4 改變注水次數——1注到底

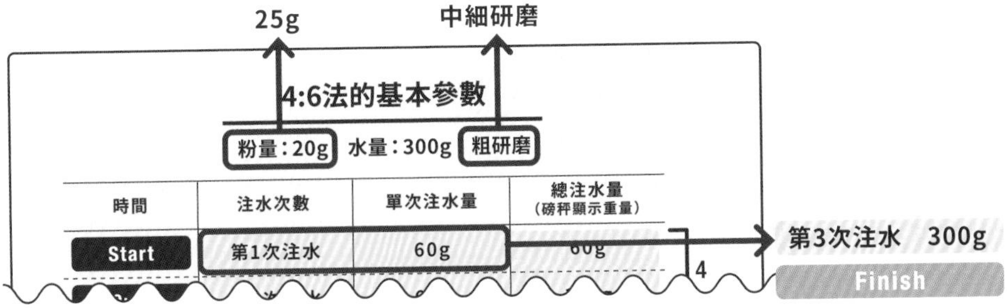

1 一口氣倒入300g熱水

一次性注入全部熱水，注水時間不超過15秒。之後，等水滴完即可。

2 咖啡滴完就完成了

調整研磨度，使其在1:30左右滴完；超過2分鐘則太細，少於1分鐘則太粗。在一般萃取方法中，萃取後的咖啡粉表層平坦；1注到底的話，咖啡粉中心會凹陷下去並形成粉牆。

可。雖然沒有單獨的悶蒸時間，但在萃取過程中，也會有悶蒸的感覺。

我是在烘豆過程中想到這個做法的。我自己一開始也持懷疑態度，「不知道這個方法真的可行嗎」，但試過之後，這咖啡有甜感，也可以感受到風味。由於這個沖法真的太簡單，在國外有「懶惰鬼的沖法」之稱（笑）。

調整的地方在於：原始的4：6法用的是較粗的粉，倒入的水量是粉的15倍；而在1注到底法中，要使用中細研磨並倒入粉量12倍的水。由於從5次注水改成1次注水會降低萃取效率，所以要這種方式去彌補。

04

透過注水方式控制萃取率

萃取效率也可以透過注水的方式來調整。這是因為注水方式會影響濾杯內的流速，以及咖啡粉和熱水接觸的方式。

首先是水柱粗細。如果太粗，熱水接觸咖啡粉的力度就大，萃取效率就高；如果偏細，熱水接觸粉末的速度就慢，萃取效率就低。

順便說一下，就4：6法來說，建議第1次注水時盡量用細水柱慢慢注入，以利悶蒸；第2次注水時，就建議要用稍微粗一點的水柱來帶出味道。第3～5次注水則大概介於兩者之間。

萃取效率也會因注水高度而有所變化。從較高的位置注水，會增加熱水的衝擊力，提高萃取效率。相反地，從靠近咖啡粉的位置注水，則會降低萃取效率。

記住以下2種注水模式會很有用。基本方法是「繞圈注水法」，即在濾杯內以畫圓的方式注水。若想稍微降低萃取效率，可用「中心注水法」，將水從中心處注入，這樣能讓水流得更快，加快萃取時間。如果把粉磨得太細，熱水排不出去，也可以在萃取到一半時，改用中心注水法。

水柱粗細

粗

能提高萃取效率。可在第2次注水時用來加強物質萃出。不過，若水柱用得太粗可就不理想了。

細

在第1次注水時，為了讓水均勻澆在咖啡粉上，建議用較細的水柱。

注水高低

高

從高處注水力道更強，萃取效率也更高。不過，因為更難控制水的落點，所以需要多加留意。

低

注水時，離咖啡粉越近，水的力道也就越弱，萃取效率越低。

注水位置

中心注水法

熱水更快流出咖啡粉層。這種方法適用於萃取過度時、希望稍微降低萃取效率的情況。

繞圈注水法

手沖時基本上都是採繞圈注水。總的來說是以「快速注入細水柱的熱水」為目標。

05 這種咖啡該怎麼沖？

1 品質超好的咖啡

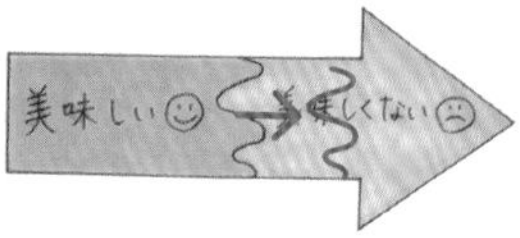

粉量：20g　水量：340g
粉水比1：17　細研磨

↑

4:6法的基本參數

粉量：20g　水量：300g　粗研磨

時間	注水次數	單次注水量	總注水量（磅秤顯示重量）	
Start	第1次注水	60g	60g	4
0:45	第2次注水	60g	120g	
1:30	第3次注水	60g	180g	6
2:10	第4次注水	60g	240g	
2:40	第5次注水	60g	300g	
3:30	Finish	取走濾杯		

→
- 延長萃取時間
- 提高水溫
- 增加攪拌

讓我們利用目前介紹過的內容，來思考兩款咖啡的目標參數。

首先是品質超好的咖啡。對於優質咖啡來說，第132頁箭頭圖示中，「美味」與「不美味」之間的分界線會向右移動。因此，要考慮的是從咖啡粉中萃取出更多物質並延長萃取時間。

例如，將咖啡粉與熱水的比例，也就是「萃取比例」（粉水比），從原始參數中的1：15提高到1：17，並將咖啡粉研磨得更細。此外，也推薦進一步調整水溫與攪拌的部分。

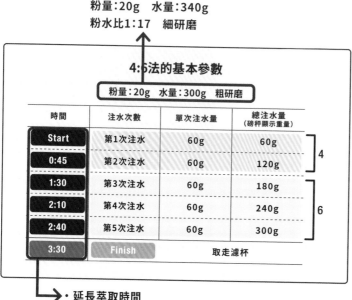

2 烘焙已久的咖啡

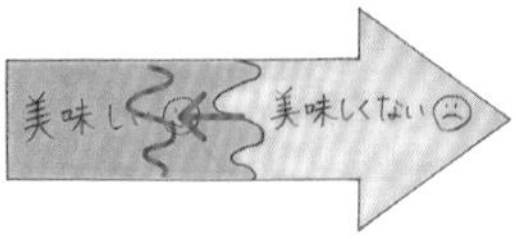

粉量：20g　水量：240g
粉水比1：12　更粗研磨

4:6法的基本參數

粉量：20g　水量：300g　粗研磨

時間	注水次數	單次注水量	總注水量（磅秤顯示重量）	
Start	第1次注水	60g	60g	4
0:45	第2次注水	60g	120g	
1:30	第3次注水	60g	180g	6
2:10	第4次注水	60g	240g	
2:40	第5次注水	60g	300g	
3:30	Finish	取走濾杯		

- 縮短萃取時間
- 縮短悶蒸時間
- 降低水溫
- 使用中心注水法

接著，我們也可以替因烘焙時間已久而變質、或者品質不佳的咖啡來制定參數。

這種情況下，第132頁箭頭圖示的分界線是向左移動。因此，在考慮參數時，應盡量以快速完成萃取為方向，而不要過多地萃取其中物質。

例如，使用1：12的萃取比例，比原始參數使用更多的咖啡豆，研磨得更粗，快速完成萃取。透過降低水溫來降低萃取效率，也是一個方法。

如果想在萃取開始後進一步降低萃取效率，嘗試縮短悶蒸時間、使用中心注水法，也是不錯的選擇。

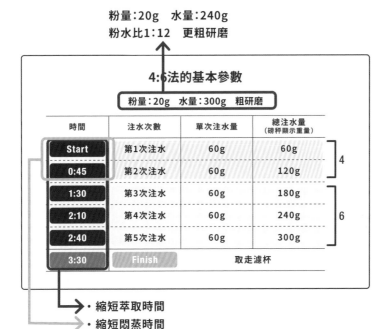

06

品鑑咖啡風味的指標

咖啡的味道沒有正確答案，只要能沖煮出讓自己滿意的「美味」咖啡，我想那就很好了。不過，用客觀數字來評估咖啡的味道，有助於重現理想的咖啡風味。

我的建議是去測量TDS。TDS是咖啡液中所含咖啡物質的重量百分比，可以用檢測水質的TDS測量儀來輕鬆測量。基本上，TDS值落在1.15～1.35之間，即可視為適當萃取。

不過，在沖煮淺焙豆時，我會讓它落在稍為濃一點的1.25～1.35；沖深焙豆時，則以稍微淡一點的1.15～1.25為目標。又比如第140頁所述的超高品質咖啡豆，我也會調的更高；相對的，如果咖啡豆的品質不好，如第141頁所述，我可能就會調的更低。可以根據所追求的風味、咖啡豆的品質和狀況來調整。

評估咖啡味道的另一指標，則是甜度「Brix」，Brix是指液體中糖的重量百分比，通常Brix的0.8倍，就大約等於TDS值。PHILOCOFFEA以測量TDS為準，但也是有使用Brix的店家。

如果想要進一步追求風味，那就可以將「萃取率」列入判斷基準。萃取率是咖啡物質被萃取出多少的指標，計算方法是用TDS乘以萃取比例。一般來說，18～22%的萃取率，會是比較合適的。

COFFEE KARUTA
む
夢中になります!
令人著迷!

$$\text{TDS} = \frac{\text{咖啡物質的重量}}{\text{咖啡液的重量}} \times 100$$

有TDS測量儀
超方便！

◀

TDS的基準
1.15～1.35

淺烘焙
1.25～1.35

深烘焙
1.15～1.25

$$\text{TDS} = \text{Brix} \times 0.8$$

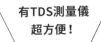

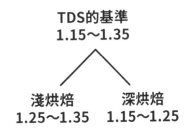

07

這樣就會更好喝!?
萃取小訣竅

我認為咖啡如泥沼般深奧。只要留意一些小細節，味道和風味上就會有所變化，這也是我每天喝咖啡都喝不膩的原因。

在此我想向大家介紹一些我多年來積累的萃取小訣竅。大家可以用各種不同的方法去試誤，整理出屬於自己的心得體會！

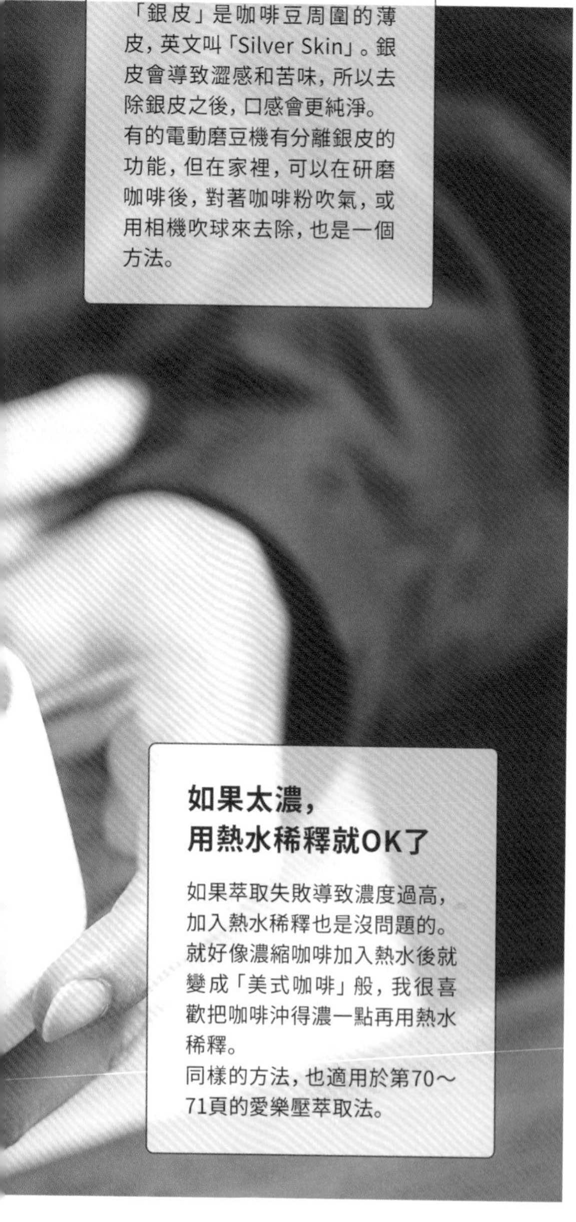

去除銀皮

「銀皮」是咖啡豆周圍的薄皮，英文叫「Silver Skin」。銀皮會導致澀感和苦味，所以去除銀皮之後，口感會更純淨。
有的電動磨豆機有分離銀皮的功能，但在家裡，可以在研磨咖啡後，對著咖啡粉吹氣，或用相機吹球來去除，也是一個方法。

如果太濃，用熱水稀釋就OK了

如果萃取失敗導致濃度過高，加入熱水稀釋也是沒問題的。就好像濃縮咖啡加入熱水後就變成「美式咖啡」般，我很喜歡把咖啡沖得濃一點再用熱水稀釋。
同樣的方法，也適用於第70～71頁的愛樂壓萃取法。

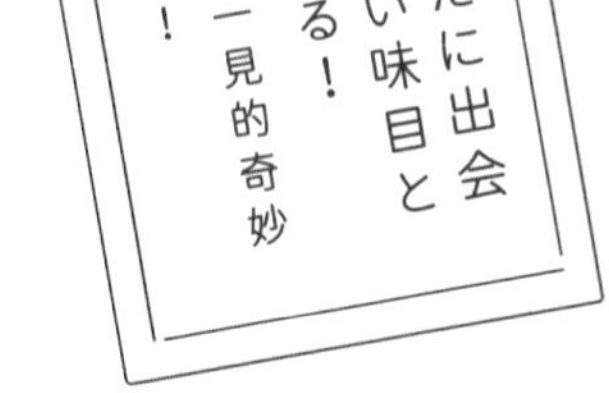
COFFEE KARUTA
め
めったに出会えない味目とびでる！
難得一見的奇妙滋味！

ENJOY COFFEE LIFE

透過香氣
判斷咖啡的狀態

磨豆前、磨豆後和第1次注水時，……。我經常在各階段確認咖啡的香氣。從香氣的品質和強度，可以看出咖啡的種類、當下的狀態以及萃取是否順利等許多資訊。儘管一開始可能分辨不出來，但只要累積經驗就能做到！

透過保水性
判斷咖啡的狀態

即使你用和平時一樣的方法來萃取，但如果你覺得「咖啡的保水性變差了」，那很有可能咖啡已經變質了。在烘焙2～3個月後已經變質，咖啡的保水能力就會下降。萃取效率也會降低，因此，請按照第141頁的說明，調整萃取比例和總注水量。此外，也建議磨得更細一些。

水洗衣索比亞和盧安達，
滴濾速度較慢

雖說只是我個人的經驗談，但在我印象中，很多水洗衣索比亞和盧安達的咖啡，沖煮時出水的速度都比較慢。若按照原始參數會較難出水，所以最好磨粗一點。
就像這樣，就能在自己的腦海中累積越來越多各種咖啡豆的特徵。

粉量不同，水與粉的接觸時間也會有所變化

當粉量從10g、20g、30g……等有所調整時，濾杯中的咖啡粉高度也會改變，因此粉與水接觸的「接觸時間」也會不同。因此，即使採用的粉水比相同，但口感的複雜程度和濃度，還是會隨著接觸時間的改變而有所不同。

萃取效率也會因此發生改變，所以會建議，在使用較少量的咖啡時，可將粉磨得稍細一些；相對地，在使用較大量的咖啡時，則可研磨得稍微粗一些。

生豆處理法不同，萃取效率也不一樣

經厭氧處理（第107頁）生產和加工的咖啡豆，生豆會經過加壓處理。因此，比起日曬處理法（第105頁）和水洗處理法（第106頁），厭氧處理的咖啡豆細胞壁更軟，萃取效率也就更高，我覺得會更容易萃取出咖啡的物質。

COFFEE KARUTA

も

もったいない
飲み終えるのが

這樣子喝完就太可惜了。

風味的呈現因水而異

沖煮時用的水不同，不只會改變萃取效率，風味的表現也會跟著不同。這是因為水中礦物質含量不同的緣故。「硬度」是衡量水質的常用指標，顯示了鈣和鎂的含有量。日本的水是低硬度的「軟水」，而歐洲的水是高硬度的「硬水」。在我的印象中，軟水往往口感柔和，而硬水可以比較容易感受到風味。
在JBrC和WBrC上，
越來越多咖啡師會自己準備沖煮用水，比如以完全沒有雜質的「純淨水」去添加礦物質。我參加比賽時，也是測試了20多種不同類型的礦泉水之後，才決定了比賽的用水。

粉量±0.3g在容許範圍內

萃取比例應該要嚴格遵守，但也不用太過執著。±0.3克都在可接受範圍！輕鬆享受過程也是很重要的。

在萃取的後半段降低水溫

如第132頁所介紹的，萃取的後半段容易出現雜味跟澀感。因此，如果將萃取後半段的水溫設定在70°C左右，並將萃取效率降至極端的低，就更容易萃取出無雜味的美味咖啡。

水量±4.5g在容許範圍內

如果用4：6法萃取20g的咖啡粉，5次注水時的單次注水量都是60g最為理想。不過，每次有±4.5g的落差也是可以接受的。總之，最後結束時盡量維持在300g即可。

水溫低於60°C是不好的

對於深烘焙的咖啡豆和品質較差或變質的咖啡豆，我們會建議降低水溫，但不能低於60°C。這樣萃取力道太弱，會無法將咖啡的物質萃取出來。

用剛煮沸的水是不好的

如果想提高萃取效率，我會建議提高水溫，但剛煮沸的水萃取力太強，並不是一個好選擇。應該將水轉移到手沖壺中，然後稍微等待一段時間。

08

手工挑豆，風味更上層樓

剔除會破壞咖啡風味的瑕疵豆，被稱為「手挑」（Hand Pick）或是「手工篩選」（Hand Sorting），這也是一個非常重要的過程。在咖啡豆作為商品出售前，通常會進行多次挑選，但很難將瑕疵豆完全剔除，因此可能還是會有些混在其中。如果在萃取前也進行挑選，咖啡的味道會變得更好喝。

第一次對咖啡豆進行篩選是在採收的時候，如第106頁有稍微描述到，在生豆處理之前，要去除未成熟或過熟的咖啡櫻桃、小石頭和樹枝。甚至在生豆出貨之前，也要檢查並篩選掉是否有破碎豆或蟲蛀等等的瑕疵。

接著是在烘焙前，會挑掉那些生豆出貨前沒被發現到的瑕疵，以及在運輸過程中發酵過度的豆子。烘焙之後，還要去除掉烘焙不足的未熟豆，或者烘焙過度的咖啡豆。

就算我們做了這麼多了，仍可能會有漏掉的瑕疵豆。我通常也會在萃取前再一次手工篩選咖啡豆，因為只需花費一點點的時間和精力，就能提升口感。

COFFEE KARUTA
や
やすらぎのコーヒー
讓人平靜、放鬆的咖啡。

接下來，讓我們來實際嘗試一下手挑吧。

首先，將咖啡豆倒入盤子中。主要是檢查形狀和顏色，所以用白色的盤子會更好辨識。

首先要去除烘焙不足或烘焙過度的咖啡豆。光是這樣就可以獲得更好的風味。接下來還可以去除貝殼豆等其他形狀不規則的豆子，這樣風味會變得更乾淨。

COFFEE KARUTA
ゆ
ゆたかな気持ちになれます
讓人感覺好滿足。

❶
❷
❸

❶太小的豆子

太小的豆子在研磨時很難獲得合適的粒徑，也比較容易產生細粉。這會導致風味變差。

❷未充分烘焙的豆子

顏色太淺的豆子表示它們還沒完全熟透。它們屬於未完全烘熟的未熟豆，因為本身含糖量不足，導致烘焙不完全。這種豆子一定要挑掉。

❸形狀不規則的豆子

外形像貝殼的「貝殼豆」在生長過程中就已變形，容易造成烘焙不均勻。破損的豆子也是如此，因此也要將它們挑選出來。

09

冰咖啡的推薦沖煮參數

在炎熱的夏天，常常會想喝冰咖啡對吧。

一般冰咖啡的經典作法，會沖得比熱咖啡更濃一些，或是做成冰滴咖啡；但4：6法也適用於做冰咖啡，而且清爽美味。

做法如下方步驟，只需在咖啡下壺中先放入冰塊，然後按照與熱咖啡相同的方法沖煮即可。不過，我建議用比原始參數還要細一點的中研磨。將研磨度調整到咖啡在大約3分鐘左右萃取完畢的程度。

如果想享受肯亞或衣索比亞

① 手沖

粉：20g　中研磨
水量：150g
冰塊：80g

1　在咖啡下壺中放入冰塊

在咖啡下壺放入80g冰塊。雖然用冰箱製作冰塊也OK，但還是建議購買便利商店或超市的冰塊。

2　使用4：6法萃取

使用4：6法萃取。但熱水的總量要減半為150g，分成5次注水，每次30g。

3　攪拌濾杯

因水量減少，建議在第1次和第2次注水時攪拌濾杯，促進熱水與咖啡粉的接觸。

4　搖晃咖啡下壺讓冰塊融化

大概經過3分鐘，當咖啡流完後，將下壺轉圈搖勻。冰塊融化後即可飲用！

COFFEE KARUTA
よ
喜んでますよ、
胃が
肚子都高興起來了。

等產地的酸質，應該使用愛樂壓。第2章（第70～71頁）有介紹過倒置法，但在製作冰咖啡時，建議使用一般的正置法。

冰咖啡還有一種很棒的「融冰咖啡」的做法，與其說是萃取法，不如說是「享受法」，在第5章中會介紹這個沖煮方式。

2 愛樂壓

粉：20g　中研磨
水量：150g
冰塊：80g

1 倒入熱水

AEROPRESS

在咖啡下壺裡面放入80g冰塊，安置好針筒並倒入20g中研磨咖啡粉。倒入150g熱水。

2 攪拌

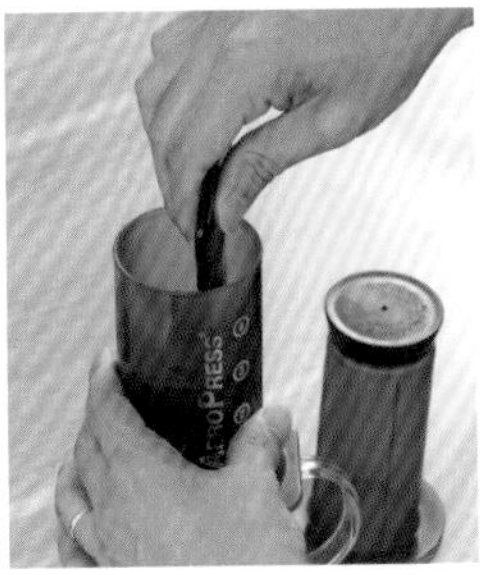
AEROPRESS

倒入熱水約30秒之後，用攪拌棒仔細地攪拌10圈。

3 按下活塞萃取

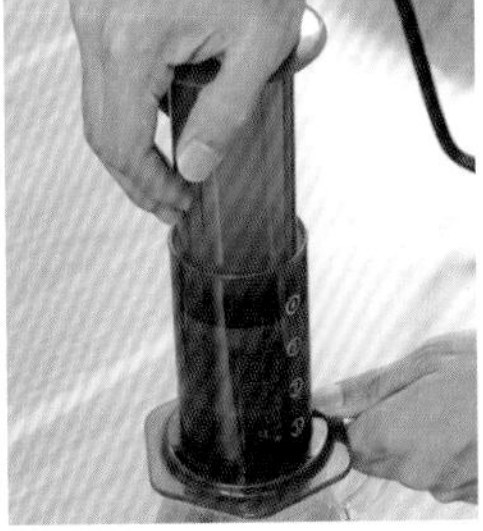

安裝好活塞。沖煮開始後約1分鐘，花20秒來按壓萃取。

4 完成！

這樣就完成了。將下壺轉圈搖勻，好讓冰塊融化。需要的話也可以在玻璃杯中加入冰塊。

我覺得最美味的3款咖啡！

至今為止，我喝過的咖啡數不勝數。以下我想介紹讓我印象深刻、且認為是「最美味的」3款咖啡。

1 我剛成為咖啡師時，在店裡遇到的咖啡

當我還是COFFEE FACTORY的新進咖啡師時，這款咖啡帶給我很大的衝擊。

當時，我每天都會和老闆等人一起做杯測。有一天，我們像往常一樣準備杯測，在10種以上的咖啡中，有一款的香氣非常突出。在把它放進嘴裡時，我嘗到了我重來沒有碰過的絕妙風味。這是獲得瓜地馬拉COE第一名的「艾茵赫特莊園」（El Injerto）帕卡馬拉。

從那以後，我又接觸了很多咖啡，但很少有咖啡能帶給我超越當時所受的衝擊。

2 2015年WBrC冠軍所沖煮的咖啡

在贏得JBrC冠軍後，我開始為WBrC找尋比賽時要用的咖啡。後來，我拜訪了主要經營咖啡生豆的美國公司「90＋」（Ninety Plus）在衣索比亞的莊園。

前一年的WBrC冠軍剛好也在那裡，他用HARIO的V60沖了一杯衣索比亞原生種的咖啡給我喝。這咖啡令我大吃一驚。果香非常濃郁，完全沒有苦味。當時在日本，中烘焙咖啡是比賽中的主流，第一次嘗到這種味道後，我就想，「如果繼續這樣下去，我百分之百會輸掉比賽」。在那之後，我便從零開始思考世界大賽的沖煮方案。

這次經歷讓我強烈地意識到，想要沖煮出好喝的咖啡，就要先瞭解什麼是好喝的咖啡，而且更新自己心目中的「好喝」定義也很重要。

3 我在WBrC上使用的咖啡豆

結束衣索比亞之行後，我拜訪了90+的邁阿密總部。我品嘗了好幾款咖啡，這就是其中一款。這是一支優雅、乾淨的巴拿馬瑰夏，酸質啊甜感啊、不論什麼都很完美。

我甚至告訴自己：「用了這支咖啡豆，我就絕不可能會輸。」事實上，我也真的成了世界冠軍。這是款帶著回憶的咖啡，每當我遇到與它相似的咖啡時，都會感到非常開心。

Chapter 5

讓咖啡變得更有趣吧

01

沖不好的時候，就是成長的機會！

有時候，你可能會覺得「昨天沖得很好喝啊，但今天卻不怎麼樣」。我至今也都還有這種感覺。

此時與其沮喪，何不把它當作一次「成長的機會」呢？這樣一來，喝到一杯失敗的咖啡似乎也沒那麼糟了，不是嗎？這給了我們一個機會，去思考到底哪裡出了問題，下次應該怎麼做。

對我來說，每當我沖不出好喝的咖啡時，我就會感受到，原來咖啡是多麼地深奧。我認為，咖啡真正的魅力與醍醐味，在於不斷試誤，以求達到「最棒的一

杯」這樣的目標。

然而一杯咖啡不好喝的原因，可能不是因為萃取，也可能是咖啡豆本身有了變化。酸質的品質可能改變，或是甜感的量也可能改變……。這只有在不斷品嘗的情況下才能察覺，而且應該會變成一種美好的體驗。如果實在不好喝，就加點牛奶或糖，試著讓它變好喝，或乾脆忘了它也OK。別鑽牛角尖地想太多，輕鬆地去享受咖啡吧！

COFFEE KARUTA

ら

ラブディスコーヒー

Love This Coffee.

（我愛這杯咖啡）

02

這種咖啡也很有趣！

我不只喜歡黑咖啡，也喜歡咖啡調飲。在此就向大家介紹4種咖啡調飲食譜。

首先是融冰咖啡（氷出しコーヒー）。只需要將冰塊放在濾杯裡的咖啡粉上，然後耐心等待即可。這超級簡單又有趣，而且比冰滴咖啡更甜、更濃、更醇厚。每次看到這個，我就會覺得「夏天到了」（笑）。

它的箇中訣竅，就是不要著急。冰塊大約需一個晚上的時間才能完全融化，但我希望你會喜歡它慢慢融化的過程。

1 融冰咖啡

粉：50g　中研磨
冰塊：500g（建議）

1 將冰塊放在咖啡粉上

在濾杯裡面盛入咖啡粉，然後放上冰塊。雖然建議是500g，但盡可能多放也是OK，就像玩拼圖般去享受把所有冰塊都堆疊上去的樂趣。

2 注水

倒入100g冷水。冰和水的比例，可以視情況調整（像在PHILOCOFFEA，就會使用300g冰＋300g水）。

3 耐心等待

剩下的，就是等待了。美麗的外觀也是這道食譜的另一魅力所在。

4 等到冰塊完全融化

讓冰塊完全融化大約需一晚的時間。和4：6法不同，這種作法的風味每次都不盡相同，就盡情享受這一期一會的滋味吧！

5 完成！

甜感和口感超群的咖啡完成了。即使咖啡豆品質並不出色，這種方法也應該能讓它們變得很好喝。

COFFEE KARUTA

り

リッチな舌触り！

口感層次豐富！

接下來的3款飲品，也是在PHILOCOFFEA有供應的。

分別是用燕麥奶取代牛奶的「燕麥奶冰釀」(オーツミルクブリュー)、以清爽碳酸和萊姆為特色的「氣泡咖啡」(スパークリングコーヒー)，以及搭配香料和碳酸的道地「精釀可樂」(クラフトコーラ)。

這些品項，即使對不喜歡喝咖啡的人來說，也都很受歡迎。

COFFEE KARUTA
る
ルワンダ?これ、ルワンダですか?
盧安達?這個、是盧安達的豆子嗎?

2 燕麥奶冰釀

粉：45g　中粗研磨
燕麥奶：700g

1 將咖啡粉放入過濾袋中

將45g中粗研磨咖啡粉裝入濾袋（高湯袋／滷包袋）中。茶包袋也可以。

2 將咖啡粉與燕麥奶放入容器中

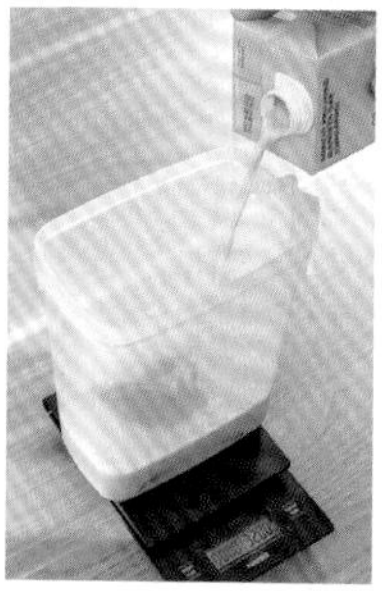

將裝袋的咖啡粉和700g燕麥奶倒入茶壺或類似容器中。

3 靜置12小時

放入冰箱，冷藏12小時。

4 完成了！

這樣子就完成了。與用牛奶相比，能享受到更順滑的口感與類似巧克力的甜感！成品可在冰箱中保存2～3天。

3 氣泡咖啡

粉:30g　中研磨
萃取量:90g　赤砂糖:20g
氣泡水:150g　萊姆

1 切萊姆

將萊姆切成合適大小。正常大小的話，可切成8等分。

2 加入赤砂糖

在下壺放入20g赤砂糖（きび糖，類似臺灣的二砂）。也可以用白砂糖，但赤砂糖的甜感更柔和。糖量可根據口味喜好增減。

3 萃取咖啡

用30g咖啡粉萃取90g咖啡液。推薦使用水洗處理法的咖啡搭配中研磨度。萃取後擠入一些萊姆汁。成品可冷藏保存2～3天。

4 將氣泡水倒入杯中

按個人喜好在杯中加入冰塊，再倒入150g氣泡水。

5 倒入咖啡液

在杯中倒入45g咖啡液。剛煮好的咖啡會產生太多氣泡，建議將咖啡冰鎮後再使用。

6 放上萊姆

再擠上一點萊姆汁，並把萊姆片輕輕放在上面，就完成了！

4 精釀可樂

1 切柳橙和檸檬

切柳橙和檸檬。兩樣都是一半去皮，一半不去。

2 碾碎香料

將丁香和小豆蔻用香料研磨器磨碎或直接搗碎。

3 將配料放入瓶中，倒入清水

將咖啡粉、赤砂糖、柳橙和檸檬放入容器中，最後倒入水。

4 放入低溫烹調機（舒肥機）

將咖啡瓶放入另一稍大的容器中，裝水，將低溫烹調機設置為64°C。

5 低溫加熱45分鐘後攪拌

45分鐘後，打開蓋子並充分攪拌。

6 總加熱時長達1.5小時即可

繼續低溫烹調，再等45分鐘即可。

粉:65g　細研磨　水:500g　氣泡水:100g　赤砂糖:65g
柳橙(柳丁)　檸檬　丁香:1.8g　小豆蔻:1.8g

7 用濾杯過濾

用濾杯過濾掉配料。這需要花點時間,但不用著急,慢慢來吧。

8 準備氣泡水

在玻璃杯中加入冰塊,然後再倒入100g氣泡水。

9 倒入成品

將濾好的70g成品液體倒入玻璃杯中。成品放在冰箱可保存4~5天。

10 擠上檸檬

擠上一點檸檬,讓口感更加清爽。

11 放片檸檬皮就完成了!

最後在上面放一片檸檬皮,讓外觀與味道都十足完美!

COFFEE KARUTA
れ
レモン入れて
ます?
你加了檸檬嗎?

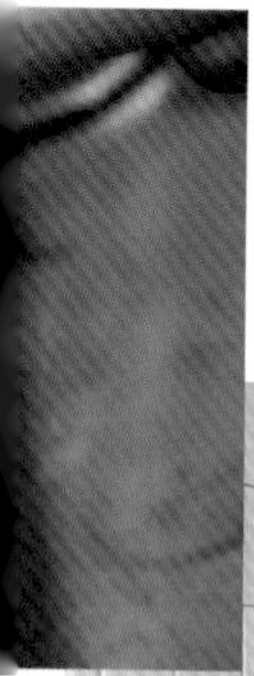

03 在家烘焙

烘焙決定了咖啡的整體風味方向，是一段複雜且令人愉快的過程。我自己烘焙 PHILOCOFFEA 的咖啡豆，每當成功烘焙出咖啡豆的優點與特色時，真的非常開心。

想要嘗試烘焙，不妨用市售的烘豆手網體驗看看。雖然很難達到正確專業烘焙並養豆後的那種品質，但能透過五感充分享受其中樂趣。帶到戶外活動的話也很能炒熱氣氛喔。

使用手網需要注意的是，它容易導致烘焙不均。因此最好是用小火慢炒，並且持續迴旋搖動。

在烘焙過程中，生豆的綠色會變成橘色。隨著進一步烘焙，它們會逐漸變成咖啡色。變成這樣的話，烘焙過程就差不多要結束了。為了確保熱量能夠正確到達豆子中心，最後可進一步降低火候，並加快翻炒速度。

儘管手臂和肩膀可能會很疲勞，但也請盡情享受烘焙的整個過程，和空氣中飄散的美味香氣。

沖一杯新鮮烘好的咖啡來喝，那樣的時光也是獨一無二！

COFFEE KARUTA
ろ
ローテーション入り確定！
確定列入愛店輪替！

04

搭配甜點，拓展咖啡滋味

布丁 × 熱咖啡

布丁有雞蛋、焦糖等多種不同的口味，這讓它相當百搭，配什麼咖啡都很適合。果香濃郁的淺焙咖啡，能帶來清爽的口感，深焙咖啡的苦味則能和焦糖味完美搭配。

雖然單獨飲用咖啡，本身就很美味，但我們也推薦搭配甜點。兩者之間相輔相成，進一步拓展了味覺的體驗。

你可以先選擇咖啡，再來選甜點，反過來也是可以。如果先選咖啡，那麼帶有酸質的淺焙咖啡與水果系或起司系甜點是絕配；帶苦味的深焙咖啡，則最適合與巧克力之類搭配。

我自己去咖啡店的時候，往往是先選甜點，再選咖啡。如果甜點是口感扎實、稍微厚重的，淺烘焙咖啡能讓味道變得清爽，

起司蛋糕 × 冰拿鐵

起司蛋糕兼具乳製品的甜感和酸質，跟任何咖啡都是完美搭配。雖然熱的也不錯，但能凸出牛奶甜感與濃縮咖啡苦味的冰拿鐵，和起司蛋糕味道相近，讓兩者的搭配格外完美。

可麗露 × 冰咖啡

帶有酸質和苦味的巧克力，與咖啡也是絕配。巧克力可麗露兼具可可的味道與烘烤香氣，最適合搭配深焙咖啡。做成冰咖啡一起享用，特別讓人感覺神清氣爽。

COFFEE KARUTA
わ
ワンダフル！
Wonderful!
（太美妙了！）

深烘焙咖啡則能很好地洗去口中的黏膩。

除了標準的組合外，一些意想不到的搭配也會讓人眼前為之一亮，請盡情享受自由搭配的樂趣吧！

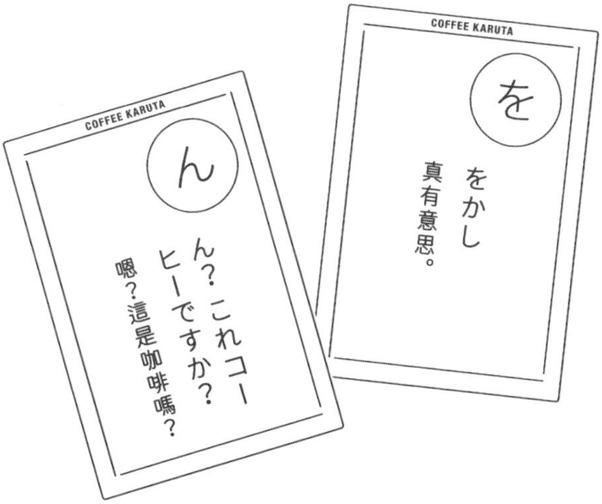
COFFEE KARUTA
を
をかし
真有意思。
COFFEE KARUTA
ん
ん？これコーヒーですか？
嗯？這是咖啡嗎？

Column 5

如果你也想開一家咖啡店

讓每個人都能透過咖啡得到幸福——這就是我的理想；而實現這一理想的方法之一，就是經營PHILOCOFFEA。

這個店名是由PHILOSOPHY（哲學）和COFFEA（咖啡樹）組合而成，反映了我們對咖啡行業的思考以及理想的姿態。我們希望能推動咖啡產業，就像咖啡樹生根發芽，一步步逐漸開花結果。

公司成立於2017年11月。目前在千葉縣船橋市有兩家店，在千葉縣習志野市有一家店。然而，在公司剛創業後的很長一段時間裡，始終處於虧損狀態，借款越來越多。雖然現在開始步上正軌，但過程經歷了許多困難。

有些讀者可能非常喜歡咖啡，可能也會有人因此「想開一家咖啡店」。但我不建議在沒有考慮清楚的情況下就貿然行動。因為這真的是一件很辛苦的事。

創業的時候，我覺得首先應該認真思考一下，自己想做什麼，又為了什麼而做。

順帶一提，PHILOCOFFEA的願景是「打造一個在咖啡周遭充滿幸福快樂的社會」，使命是「在任何地方都能提供特別的咖啡體驗」。為此，我們還設定了5個行動指南。

1　從理想出發

首先設想「這就是我想做的事」、「這就是我想成為的人」。從客觀的角度看待事物，從零基礎的角度思考該怎麼做。這樣的話，就能有所突破。

2　不責怪他人

不責怪他人或環境。把外在的事看成自己的事。

3　做一個好人

別當個討厭鬼。不做錯誤的事。

4　壓倒性的行動力

現在就做、要做到好、做到底。不是所有事情都要自己一個人完成，而是重視團隊合作來完成目標。

5　無限成長

永遠不要停止前進的腳步，讓自己和公司比昨天更加成長。

雖然說了這麼多，但如果你經過深思熟慮，仍然覺得「想開一家咖啡店」，那何不冒險一試呢？這真的很有趣。正如我所經歷的那樣，一個既殘酷卻也充實的世界在等著你！

這一次，在決定出版本書之際，我一直在思考一件事。

那就是，世上有形形色色的咖啡沖煮方式，它們都是正確的，若能將它們串連起來，那該是多美好的事。

當我首次踏足咖啡世界時，我很納悶，「為什麼每個人對咖啡的看法跟作法都如此不同」。

這個人是這樣沖煮，而那個人的作法卻不一樣，就連書上寫的也都不相同。

到底誰才是對的？到底要怎麼做才對？

那時我還沒有太多經驗，有很多事情我還不知道，但在接觸咖啡近10年後，我想我已經有了答案。

那就是，表面上大家的沖煮方式都不同，但是在做的事其實都是一樣的。大家的目的都同樣是「煮出一杯美味的咖啡」，只不過不同的人有不同的作法。

在本書中，我試圖從「萃取效率」等方面，來說明「即使沖煮方法不同，目的也是一樣的」。

這是項艱難的挑戰，但我希望本書能幫助你找到適合自己的萃取方

式，並衷心期盼你的咖啡生活就此更加充實。

最後，我之所以能如此厚著臉皮出版這本書，那毫無疑問，是COFFEE FACTORY的功勞。

至今我仍經常前去拜訪，他們也會時不時與我聯繫，那裡可說是我最重要的第二故鄉。我要感謝老闆、老闆娘和店裡的每一個人，是在他們的培育下，幫助我從一個完完全全的素人新手，成長為現在的模樣。

還要感謝為PHILOCOFFEA工作的員工和客戶，感謝國內外的同事和商業夥伴，感謝我的家人，尤其是在身邊一直支持我的妻子。多虧了你們，我才能繼續從事我最熱愛的咖啡事業。

真的非常感謝你們。

粕谷 哲

咖啡用語集

淺烘焙

在咖啡豆顏色相對較淺時即停止烘焙的咖啡。就精品咖啡的角度來看，可以享受到來自水果的愉悅酸質。推薦的萃取水溫約為93℃。

厭氧處理法(Anaerobic)

咖啡生豆的處理法之一。咖啡櫻桃被密封在罐中，在不接觸空氣的情況下進行厭氧發酵，從而產生出獨特而複雜的風味。

阿拉比卡種(Arabica)

咖啡樹的三大原生種之一。蘊含有高品質的酸質與風味，所有精品咖啡基本都是阿拉比卡種。三大原生種的另外兩種，分別是卡內佛拉種（Canephora，俗稱羅布斯塔〔Robusta〕）和賴比瑞亞種（Liberica）。

粗研磨

咖啡豆粒徑相對較大的研磨方法。4：6法推薦使用粗研磨，因為粗研磨不易產生澀感，更容易產生乾淨的口感。此外，也更容易帶出咖啡的甜感。

水洗處理法(Washed)

咖啡生豆的處理法之一。在去除咖啡櫻桃的果肉後，將咖啡放入水槽中發酵。經過水中浸泡，使咖啡口感更純淨，也更容易感受到咖啡品種的特徵。

愛樂壓

一種將咖啡粉和熱水在設備中接觸，並施加壓力的萃取方法。對任何人來說相對容易沖出一杯美味的咖啡。很容易產生優美的酸質，特別推薦用於淺烘焙與冰咖啡。

SCAJ

日本精品咖啡協會（SPECIALTY COFFEE ASSOCIATION OF JAPAN），由經營精品咖啡的企業和店家組成。同時，這也是該協會主辦的日本最大咖啡活動的名稱。國內外咖啡公司在活動中都設有攤位，並舉辦講座和咖啡比賽。近年來，全國各地的咖啡活動不斷增加，前往參觀想必十分有趣。

杯測

品嘗咖啡以品鑑其品質和特徵。當咖啡在口中霧化時，更容易感受咖啡的味道、香氣和風味。在日本，一般開放參加的杯測會稱為「公眾杯測」（パブリックカッピング），精品咖啡店等有在舉辦。

咖啡帶

北緯25度和南緯25度之間、橫跨赤道的地區。被認為是最適合咖啡樹種植的地區，也是熱門咖啡產區的集中地，包括了非洲的衣索比亞與肯亞，以及中南美洲的瓜地馬拉和巴西。

咖啡磨豆機(coffee mill / grinder)

用於將咖啡豆研磨成粉末的工具。依刀片結構和使用材料的不同，價格從平價到昂貴都有，但為了能喝到美味的咖啡，建議一步到位選擇購買高品質者。另外，金屬刀片也可能生鏽，因此建議定期保養。不過，如果每天使用的話，就沒必要這麼緊張了。

融冰咖啡(氷出しコーヒー)

粕谷哲設計的冰咖啡萃取法。將冰塊放在濾杯中的咖啡粉上，慢慢萃取。能產生香甜黏稠的滋味。超級簡單又有趣是其魅力所在。介紹該萃取方法的影片，是粕谷哲YouTube頻道上最受歡迎的影片之一，在日本國內外觀看次數約29萬次。

浸泡法

一種將咖啡粉浸泡在熱水中進行萃取的萃取法，包括法式濾壓壺和愛樂壓。達到一定濃度後，物質的溶出會幾乎停止，因此無論誰沖煮，口味都很容易保持穩定。

精品咖啡

乾淨、能感受到酸質跟甜感的高品質美味咖啡。當然，一定要有可追溯性。莊園和生產者的身分必須明確，在生豆處理等生產過程與銷售階段必須進行徹底的品質管理。

生豆處理

從咖啡櫻桃中去除果肉和種子周圍的部分，製成咖啡生豆的過程。依方法的不同，同一批咖啡的風味也會有所不同。

中烘焙

烘焙程度介於淺烘焙和深烘焙之間的咖啡。酸質和苦味平衡良好。推薦的萃取水溫約為88℃。

TDS

(Total dissolved solids，總溶解固體)

咖啡液中咖啡物質的重量百分比，可以使用專用設備加以測量。合適的萃取建議數值在1.15～1.35之間（單位為mg/L）。

茶包(浸泡)式咖啡

將咖啡粉裝在網袋中，也就是咖啡版本的茶包。只需將之浸泡在馬克杯或隨身杯中，即可輕鬆萃取咖啡。是類似浸泡法的萃取方式。

滴濾法

將熱水倒在咖啡粉上萃取咖啡物質的一種萃取方法，如手沖咖啡或法蘭絨萃取。萃取力強，容易萃取出咖啡豆的物質。根據萃取方式的不同，風味也會不同。

濾杯

用於手沖咖啡的器具。需要先放置好濾紙並將咖啡粉放入其中。有各種形狀和材料的款式，可供選擇，近年來不斷有新的產品開發上市。

手沖壺

專門用於手沖咖啡的水壺。根據使用者倒入熱水的方式，可以將咖啡的潛力發揮出來，也可能產生不盡如人意的味道。建議選擇壺嘴較窄、手把握持舒適的款式。

日曬處理法(Natural)

咖啡生豆的處理法之一。摘收的咖啡櫻桃在陽光下或用機器烘乾。在烘乾過程中會開始發酵，從而產生甜感強烈且獨特的風味。

生豆

烘焙前的咖啡豆。因為顏色偏綠，英文稱為「Green Beans」。

法蘭絨萃取

將咖啡粉放入布製濾器中，然後慢慢倒入熱水沖煮咖啡。其特色是口感滑順、味道濃郁。

蜜處理法(Honey)

咖啡生豆的處理法之一，流程上和水洗處理法類似。與咖啡櫻桃種子周圍果膠（mucilage）完全去除的水洗法不同的地方在於，蜜處理會保留一部分果膠。若殘留的果膠少，會產生類似水洗法的味道；殘留的果膠多，則會產生接近日曬法的味道。

手沖咖啡

將濾紙放在濾杯中，加入咖啡粉後，倒入熱水萃取的萃取法。這是最常見的咖啡沖煮方式，風味可根據萃取參數自由調整。

手工挑豆(Hand Pick)

將會破壞咖啡風味的瑕疵豆去除的過程。通常在店家出售前，咖啡豆就已歷經多次手工挑豆，但如果在家裡要萃取咖啡前也進行先行挑豆，咖啡的味道會更好。

深烘焙

經過徹底烘焙的咖啡。可以享受苦

味和甜感。因為咖啡裡的物質很容易釋放出來，萃取時的水溫建議在83℃左右。

獨立競標(Private Auction)

由咖啡莊園獨立進行的咖啡豆拍賣。每年在生產國會舉辦一次卓越杯（COE）生豆拍賣會，但近年來獨立競標活動變得更有存在感。

風味(Flavor)

咖啡在口中的整體印象，包括香氣、酸質和甜感。當咖啡稍稍冷卻後，會比剛萃取後立即飲用更容易感受。在描述風味時，統整風味的「風味輪」是一個有用的參考。

法式濾壓壺

浸泡萃取法的典型代表，任何人都可輕鬆沖煮。能將咖啡的味道不論

好壞全部萃取出來，包括咖啡的油脂。特色是口感滑順，味道圓潤。

從種子到杯子(From Seed to Cup)

這是精品咖啡的一個關鍵詞，意思是在咖啡製作過程的每個階段，從生產、流通到烘焙、萃取，從咖啡的製作到你所喝到的那杯咖啡，都必須進行徹底的品質管理。

咖啡濾紙

手沖咖啡時，濾杯中會放置濾紙。即使使用同一個濾杯，使用不同濾紙也會改變熱水流出的方式。近年來，新材料、新形狀的產品不斷湧現，有時會在比賽中引起關注。

細研磨

將咖啡豆研磨成相對較小粒徑的研磨方法。這樣更容易萃取咖啡裡的物質，尤其是酸質更加明顯。不過，這種方法也更容易產生澀感或苦味，因此，如果您是手沖初學者或使用的咖啡豆品質較差，則應小心謹慎。

4：6法

粕谷哲設計的一種手沖萃取方法，其特點是讓任何人都能輕鬆沖出一杯美味的咖啡。重點是：①使用較粗的咖啡粉，②計算好咖啡粉重量、熱水的使用量和注水時間點，③用前40%的熱水調整風味，用後60%的熱水調整濃度。

世界咖啡沖煮大賽(World Brewers Cup)

咖啡萃取技術的世界大賽，始於2011年。世界各國的冠軍齊聚一堂。萃取設備可以是手沖、愛樂壓、法蘭絨等等，相當自由，但大多數人會選擇手沖咖啡。每年都會看到推陳出新的萃取方法。

日文版編輯團隊

封面設計　APRIL FOOL Inc.
內頁設計　塚田佳奈（ME&MIRACO）
排版　高八重子
攝影　布川航太
企製　中澤広美（株式会社KWC）
責任編輯　伊東健太郎（技術評論社）

素材提供
日本スペシャルティコーヒー協会
Specialty Coffee Association
Cup of Excellence

國家圖書館出版品預行編目（CIP）資料

就這麼簡單！世界冠軍親授「4：6 法」手沖奧義全解析 煮出令人上癮的好咖啡 / 粕谷哲著；廖光俊譯 . -- 初版 . -- 新北市：方舟文化，遠足文化事業股份有限公司，2023.11
面；　公分 . --（生活方舟；32）
譯自：誰でも簡 ！世界一の 4:6 メソッドでハマる 美味しいコーヒー
ISBN 978-626-7291-70-2（平裝）
1.CST: 咖啡
427.42　　112016981

方舟文化官方網站　方舟文化讀者回函

生活方舟 0032

就這麼簡單！
世界冠軍親授「4：6 法」手沖奧義全解析
煮出令人上癮的好咖啡

誰でも簡単！ 世界一の 4：6 メソッドでハマる 美味しいコーヒー

作者　粕谷哲｜**譯者**　廖光俊｜**封面設計**　職日設計｜**內頁排版**　Pluto Design｜**主編**　邱昌昊｜**特約行銷**　林芳如、黃馨慧｜**行銷主任**　許文薰｜**總編輯**　林淑雯｜**出版者**　方舟文化／遠足文化事業股份有限公司｜**發行**　遠足文化事業股份有限公司（讀書共和國出版集團）231 新北市新店區民權路 108-2 號 9 樓　電話：（02）2218-1417　傳真：（02）8667-1851　劃撥帳號：19504465　戶名：遠足文化事業股份有限公司　客服專線：0800-221-029　E-MAIL：service@bookrep.com.tw｜**網站**　www.bookrep.com.tw｜**法律顧問**　華洋法律事務所　蘇文生律師｜**定價**　480 元｜**初版一刷**　2023 年 11 月｜**初版四刷**　2024 年 6 月

DAREDEMOKANTAN ！ SEKAIICHINO 4：6 METHOD DE HAMARU OISHII COFFEE by Tetsu Kasuya

Original Japanese edition published by Gijutsu-Hyoron Co., Ltd., Tokyo
This Complex Chinese edition published by arrangement with Gijutsu-Hyoron Co., Ltd., Tokyo in care of Tuttle-Mori Agency, Inc., Tokyo, through AMANN CO., LTD., Taipei.

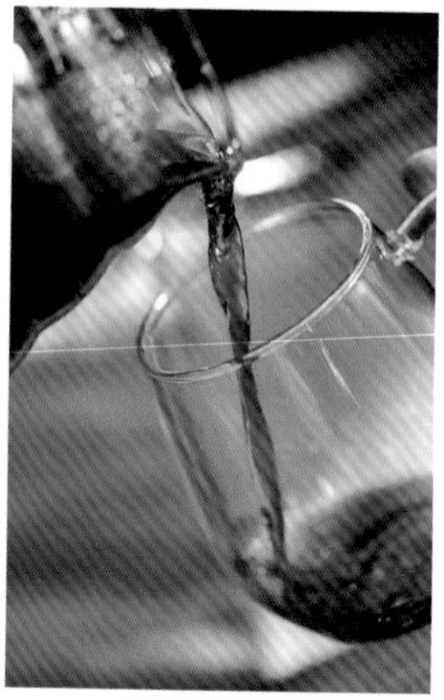